热设计工程师精英课堂

嵌入式系统的软件热管理

［美］马克·本森（Mark Benson）著
王 虎 章小敏 译

本书主要介绍了嵌入式系统设计中，软件热管理相关的技术内容。全书从软件热管理基本概念出发，对其历史、壁垒、发展前景、基本原理和技术、框架编排、前沿研究等内容进行了系统的讲述，同时文中穿插给出了相关的设计案例供读者参考。

本书对于嵌入式系统设计工程师和软件工程师、集成电路设计工程师、热设计工程师、电子产品设计工程师有很好的指导和帮助作用。

图书在版编目（CIP）数据

嵌入式系统的软件热管理/（美）马克·本森（Mark Benson）著；王虎，章小敏译. —北京：机械工业出版社，2019. 9
（热设计工程师精英课堂）
书名原文：The Art of Software Thermal Management for Embedded Systems
ISBN 978-7-111-63383-9

Ⅰ. ①嵌…　Ⅱ. ①马…②王…③章…　Ⅲ. ①微型计算机 - 系统设计　Ⅳ. ①TP360. 21

中国版本图书馆 CIP 数据核字（2019）第 168606 号

机械工业出版社（北京市百万庄大街 22 号　邮政编码 100037）
策划编辑：任　鑫　责任编辑：任　鑫
责任校对：郑　婕　封面设计：马精明
责任印制：张　博
北京铭成印刷有限公司印刷
2019 年 9 月第 1 版第 1 次印刷
169mm × 239mm · 8 印张 · 151 千字
0 001—3 000 册
标准书号：ISBN 978-7-111-63383-9
定价：59. 00 元

电话服务　　　　　　　　　　　网络服务
客服电话：010 - 88361066　　机　工　官　网：www. cmpbook. com
　　　　　010 - 88379833　　机　工　官　博：weibo. com/cmp1952
　　　　　010 - 68326294　　金　　书　　网：www. golden - book. com
封底无防伪标均为盗版　　　　　机工教育服务网：www. cmpedu. com

推荐序

刚柔相济是现代热管理技术的最大特点。国内热管理的技术风潮兴起于2000年左右。彼时，电子、通信、电力等行业蓬勃发展，芯片热流密度不断升高。各式散热器、热管、均热板、高转速风扇、高热导界面材料在产品上频繁应用。这些散热部件以一种非常强硬的方式将芯片温度控于限值以下。此应为热管理技术的“刚”。由于热管理通常基于产品最恶劣情况进行，因此产品实际应用中难免会出现一些设计冗余偏大的问题。热管理技术的“柔”应指芯片的热耗控制和风扇转速的控制等。热管理之道，刚柔互用，不可偏废，太柔则靡，太刚则折。相较而言，热管理技术的软件控制研究相对较少，而本书对这一领域进行了很好的补实。

《嵌入式系统的软件热管理》全书分为两部分，逻辑结构清晰明了。第1部分对软件热管理的起源、核心问题及解决方案进行了详细阐述，以期读者对软件热管理领域有一个基础认知。第2部分主要描述了一整套软件热管理方法，用产品实例来详细剖析讲解，让广大读者能将这一方法应用至实际产品热管理中。

我与两位译者相识多年，此书是两位译者在工作之余完成的。他山之石，可以攻玉，两位通过译作不仅加深了对软件热管理的理解和认知，也吸引广大读者能共同加入到软件热管理的技术浪潮中。

热领（上海）科技有限公司总经理

李波

2019年8月

译者序

TRANSLATOR'S PREFACE

软件热管理作为一个全新的技术领域，其重要性日益提高，但其技术层面却只被少数专业人士了解。译者近年来从事这一领域的相关工作，深感该领域系统专业的技术介绍太少。翻阅此书，对软件热管理的内容和架构也有了更加全面的认识，于是便有了翻译此书供国内同行学习参考的想法。承蒙机械工业出版社的帮助，顺利地从 Springer 获得了本书的中文版权，并委托译者翻译，使我倍感激动和荣幸。

软件热管理作为嵌入式系统性能设计的关键内容，逐渐为软件工程师和热设计工程师所认识和应用。Mark Benson 以自己强大的跨学科知识体系，为大家开辟了软件热管理这一全新的技术领域，以完整的架构和丰富的实例进行了深入浅出的介绍，并为这一领域的技术发展呼吁呐喊，实在值得称颂。译者有幸成为传播其学术思想的一员，非常希望把软件热管理的思想和方法传递给国内的同行，以便各位能从中获益。

本书由王虎负责全书的统稿，其中章小敏翻译了本书的 1 ~ 3 章，王虎翻译了本书的 4 ~ 6 章及其他部分。本书翻译过程中得到了同行很多好友的鼎力支持和帮助，在此表示由衷感谢！

由于译者非软件科班出身，对计算机软件的认识水平也有限，实在是才疏学浅，故尽可能采取直译，以期体现原著的思想和风格，但译文中出现的错误和不足之处在所难免，恳请行家里手不吝赐教。

译　者

2019 年 6 月

原书前言

PREFACE

热性能正成为嵌入式系统设计的新瓶颈。因计算处理需求的攀升，以及设备物理尺寸的持续减小，高效地将热量从嵌入式系统中传出去，正变得越来越困难。

本书重点介绍了嵌入式系统中热量的根本来源——功耗。由于软件对嵌入式系统的功耗有巨大影响，所以如果要有效地管理热量，则需要理解、分类和开发主动降低功耗的新方法。

软件热管理技术探索了降低计算系统功耗的科学和技术，例如管理热量、提高器件可靠性和提高系统安全性等手段。本书是嵌入式系统软件热管理技术领域的实用指南，是软件热管理技术的目录，更是对未来该领域研究发展的行动呼吁。

Mark Benson

马克·本森

2013年11月

原书致谢

ACKNOWLEDGMENTS

本书是在我的家人、朋友和同事的大力支持下才得以出版的。

感谢 Charles Glaser 编辑敦促我完成这本书，感谢 Kevin Holland 帮我了解热阻建模，感谢我的朋友 Matt Hilden，他是该领域真正的专家，也是我写作本书的指导老师，感谢我的朋友 Briant Cuffy 长期积极的鼓励，感谢我的姐姐 Heidi Sheard 给予的精辟点评和编辑建议，也感谢我的父母 Dennis 和 Darlene Benson，在我写作周期延长时，无私地帮忙照顾 Niles、Sawyer 和 Talitha。

更重要的是，我要感谢我的妻子 Mandy 给予我的无尽耐心、恩泽关怀和爱心鼓励，没有她，这本书是不可能完成的。

缩略语表

ACRONYMS

ACM　Association for Computing Machinery

美国计算机协会

ACPI　Advanced Configuration and Power Interface

高级配置与电源接口

ADC　Analog to Digital Converter

模-数转换器

AE　Auto Exposure

自动曝光

AF　Auto Focus

自动对焦

AMD　Advanced Micro Devices

美国 AMD 半导体公司

AMP　Asymmetric Multi - processing

非对称多进程处理

AMR　Absolute Maximum Rating

绝对最高温度范围

APM　Advanced Power Management

高级电源管理

AV　Audio Visual

视听

AVS	Adaptive Voltage Scaling 自适应电压调节
AWB	Auto White Balance 自动白平衡
CAD	Computer - Aided Design 计算机辅助设计
CAGR	Compound Annual Growth Rate 复合年均增长率
CG	Clock Gate 时钟脉冲门
CMOS	Complementary Metal - Oxide Semiconductor 互补金属氧化物半导体（电压控制的一种放大器件）
CODEC	Portmanteau of Coder - Decoder 编解码器
CPU	Central Processing Unit 中央处理器
DAC	Digital to Analog Converter 数 - 模转换器
DARPA	Defense Advanced Research Projects Agency 美国国防高级研究计划局
DDR	Double Data Rate SDRAM 双倍速同步动态随机存储器
DFS	Dynamic Frequency Scaling 动态频率调整
DMA	Direct Memory Access

	直接内存访问
DMIPS	Dhrystone Million Instructions per Second
	每秒处理百万级的机器语言指令数
DPM	Dynamic Power Management
	动态功耗管理
DPS	Dynamic Power Switching
	动态功率开关
DPTC	Dynamic Process Temperature Compensation
	动态过程温度补偿
DRAM	Dynamic Random Access Memory
	动态随机存取存储器
DSP	Digital Signal Processor
	数字信号处理器
DVFS	Dynamic Voltage and Frequency Scaling
	动态电压频率调节
DVS	Dynamic Voltage Scaling
	动态电压调整
EEPROM	Electrically Erasable Programmable Read - only Memory
	带电可擦除可编程序只读存储器（一种掉电后数据不丢失的存储器）
FSM	Finite State Machine
	有限状态机（一种时序机）
GUI	Graphical User Interface
	图形用户界面
HW	Hardware
	硬件

IC　　Integrated Circuit

集成电路

IEC　　International Electro - technical Commission

国际电工委员会

IEEE　　Institute of Electrical and Electronics Engineers

［美国］电气与电子工程师学会

IP　　Intellectual Property

知识产权

ISP　　Image Signal Processor

图像信号处理器

MCU　　Microcontroller Unit

微控制器（单片机）

MPEG　　Moving Picture Experts Group

动态图像专家组

NJTT　　Near - Junction Thermal Transport

近结热传输

NTI　　Nano - Thermal Interface

纳米热界面

OEM　　Original Equipment Manufacturer

原始设备制造商

OMAP　　Open Multimedia Applications Platform

开放式多媒体应用平台

OPP　　Operating Performance Point

工作性能点（一种频率电压组合）

OS　　Operating System

	操作系统
PC	Personal Computer
	个人计算机
PCB	Printed Circuit Board
	印制电路板
PDA	Personal Digital Assistant
	个人数字助理（掌上电脑）
PM	Power Management
	电源管理
PMIC	Power Management Integrated Circuit
	电源管理集成电路（芯片）
PWM	Pulse Width Modulation
	脉冲宽度调制
RAM	Random Access Memory
	随机存取存储器
RF	Radio Frequency
	无线电（电磁辐射）频率
ROC	Recommended Operating Conditions
	推荐的工作条件
RTC	Real – Time Clock
	实时时钟
SD	Secure Digital
	安全数字卡
SDR	Software – Defined Radio
	软件无线电

SLM	Static Leakage Management
	静态漏电流管理
SMP	Symmetric Multiprocessing
	对称多线程处理
SoC	System on Chip
	片上系统
SPI	Serial Peripheral Interface
	串行外设接口
SDRAM	Synchronous Dynamic Random – Access Memory
	同步动态随机存取存储
STM	Software Thermal Management
	软件热管理
SW	Software
	软件
TDP	Thermal Dynamic Power
	热动态功耗
TGP	Thermal Ground Plane
	热地面
TMT	Thermal Management Technologies
	热管理技术
TRM	Technical Reference Manual
	技术参考手册
TV	Television
	电视
UART	Universal Asynchronous Receiver/Transmitter

	通用异步收发传输器
UML	Unified Modeling Language
	统一建模语言
USB	Universal Serial Bus
	通用串行总线
VDD	Positive Supply Voltage
	正源电压
VLSI	Very Large - Scale Integration
	超大规模集成电路

目 录

CONTENTS

第1部分 基础

第2部分　分类

第 1 部分

基　　础

热性能是嵌入式系统设计的新瓶颈。随着工艺需求的增长和实际芯片尺寸的不断缩减，嵌入式系统的散热也变得越来越困难。

消费型手机、平板电脑以及其他电子设备产生的过多热量会降低元器件的可靠性与性能，甚至会在与皮肤紧密接触时造成人体不适或人身伤害。当电子设备处于没有风扇和其他对流途径的封闭空间时，尤其如此。

这样的热问题困扰着几乎所有的电子设备或产品，特别是一些高计算要求的电子设备，如视频流设备、汽车信息娱乐系统、高性能工厂设备、便携式手持工业仪器、植入式医疗装置，以及多媒体军用作战无线电装置。

传热的基本原理是基于热力学定律，并被物理学者、机械工程师、材料科学家和化学工作者们广泛研究。相关研究人员和企业正在投入大量精力来提出解决方案，以便快速有效地将冗余热量从系统中散出。

热传递以及如何通过机械或化学方法从系统中有效地提取热量已经成为人们关注的焦点，这些都是很好的进步。然而，由于软件决定了计算的类型、数量和持续时间，所有这些都需要耗电并产生热，因此软件工程师在热管理中起着特殊的作用。软件可以帮助我们将嵌入式系统热问题的根本原因最小化，这是本书的重点。在这一部分中，接下来的三章将介绍嵌入式系统的软件热管理以及本书的目标。

第1章　绪论：本章将介绍这本书的前提和目标，包括对微控制器市场、现有的热管理解决方案，以及软件热管理是否是一门科学、一门艺术，或是两者兼而有之的讨论。

第2章　概况：本章将描述待解决问题的概况，以及软件热管理与其他相邻学科之间的关系。

第3章　根源：本章将阐述软件热管理领域的主要概念，包括软件热管理领域的成熟度和未来展望。

在学习完本书第一部分后，读者可会对软件热管理领域有一个很好的掌握，包括它的起源、主要问题，以及解决这些问题的基本途径。

第 1 章
绪论：软件热管理简介

未来的帝国是头脑的帝国。
——温斯顿·丘吉尔

软件热管理就是研究和应用如何用软件对系统的热性能进行控制的。本章将介绍软件热管理的概念，以及鉴于微处理器市场的前瞻性增长，人们对软件热管理日益增加的需求，并讨论软件热管理是一门科学还是一门艺术，或是两者兼备。

1.1 概述

如图1.1所示，嵌入式系统中的热管理已经成为一个难题。这主要是由于以下两个原因：

1）处理器频率在增长。频率越高意味着频率切换越快，更快地切换开关消耗着呈指数增长的功率，因此必然耗散出更多的热量，这是一个越来越严重的问题。

2）处理器和设备尺寸在减少。尺寸越小意味着热质（材料的储热能力）越小，热质越小使得快速传热越困难。当电子设备工作时，热量是其自然的副产品，过多的热量会损害设备的功能与可靠性。

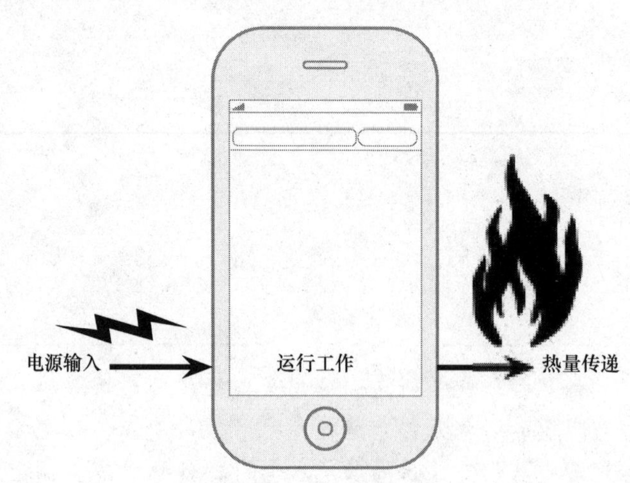

图1.1 嵌入式系统示意图

大多数关于热管理的研究都涉及消除热量的机制，但本书将采用一种不同的方式，把重点放在如何通过减少功率消耗来减少热量。

这是一本为软件或电子工程师准备的软件书籍，它分为两部分：

1）软件热管理的基础；

2）软件热管理技术与框架目录。

在本书的最后，提供一组检查列表，以帮助读者将本书中所包含的思想整合到产品或软件开发的生命周期中。

1.2 目的

本书的目的是向软件工程师解释软件热管理的概念。由于热管理和热性能对许多系统来说非常重要，所以比起只是将问题留给机械或电子工程师团队，让软件工程师们理解挑战并促成问题的解决就显得尤为关键。

这本书的写作原因如下：

1）尚未出现一本关于软件热管理的书。尽管市面上存在有关电源管理的书籍，但这些书的目标是减少功率，主要是为了省电或节约能源（成本、环境影响），而不主要关注热性能。

2）需要一本这样的书来向软件工程师们解释热力学的基础概念和微处理器设计中的动态调整概念。在学校里，软件工程师们通常不需要学习热力学，计算机科学专业通常只接触硬件设计概念，不涉及物理学和热力学，计算机工程专业将融合电子工程与软件工程，但一定没有机械工程研究。

关于创建动态功率管理系统这个深奥的问题，已有大量的博士学位论文和学术论文提及。然而，多数情况下这些论文的目标都是当功耗需求不存在时简单地降低功率，在需求出现时增加功率。这些著作都旨在为已有电子学基础并有意深入了解的人们提供参考。帮助软件工程师在嵌入式系统中参与功率管理，同时又参与软件热管理行为的材料明显不足。

为了满足这一需求，本书将讨论嵌入式系统中的软件热管理，且内容主要面向软件工程师。书中的一个关键思想是嵌入式系统中管理热量的主要方法是管理功率，它包含了作者在真实产品开发中使用软件来管理复杂热性能问题的实用方法。

1.3 目标读者

本书是为软件工程师编写的，故硬件专业和热力学知识并不是阅读本书的先决条件。然而，如果以前就熟悉嵌入式产品设计，那么对于阅读本书是很有帮助的。

通过学习热管理，希望软件工程师能够在系统整体的热和功率表现上发挥更积极的作用。他们可以与结构工程师合作，促进热量的流动，与电子工程师合作，选择处理器和设计功率门控电路，最终生产出更好、更安全、更可靠的产品。

1.4 范围

本书着眼于嵌入式系统中产生热问题的根本原因，即功率。正因为软件对嵌入式系统中的功率消耗影响巨大，所以更需要了解、归类，并开发出减少动态和静态功率的新方法。这样，比起只是将问题留给物理学者、机构工程师、化学工作者和材料科学家们，软件工程师会为传热问题及其解决方案的研究和实践做出更显著的贡献。

软件热管理（Software Thermal Management，STM）是一门减少系统功率消耗，从而控制发热，提升元器件可靠性，并增加系统安全性的艺术。本书为嵌入式系统 STM 领域提供了一种介绍性的论述和实用指南，对 STM 技术进行了分类，并给出了该领域内研究现状与未来展望。

STM 是一个不成熟的领域，它站在巨人的肩膀上，如果没有物理学、材料科学、化学、半导体设计和制造技术，那么一切都是不可能的。尽管有大量关于热传递和半导体的书籍和研究，以及大量软件工程方面的书籍，但这本书是独一无二的，因为它将三者结合在一起，成为软件工程师可以消化的观点。

随着嵌入式系统，尤其是高多媒体性能及高电池性能要求的消费类电子设备成为主流，以了解并控制热在系统中的传导为目标的传热研究已经变得非常重要了。

驱动这类系统的处理器一旦启动并持续工作一段时间后就会烧毁，因此在需要时将处理器开启，不需要时关闭，同时采用各种附加技术来控制动态和静态功率，以产生高质量、可靠且安全的系统非常重要。

本书为软件工程师概述了热力学，以及控制系统热性能所必须具备的电气工程学概念，但不提供有关热力学或半导体制造技术的新信息。更确切地说，这是一本关于软件，以及软件该如何为嵌入式系统实现足够的热性能而发挥核心作用的书。

本书第二部分的技术目录不是为了详述技术，而是旨在提供一份技术列表，使软件能够最大限度地影响系统的热性能。半导体设计中的一些先进的节电技术，比如正向阱偏置技术（Active Well Biasing，AWB）并没有在本书论及。

1.5 目标

软件热管理是一个直到最近才被命名的研究领域，正因为它如此崭新，所以本书基于概念介绍、需求与解决空间描述以及技术分类，来体现应该如何开始思考这个新兴领域中涉及的设计问题，这是本书的目标。

具体来说，本书的目标是多重的：

1）为软件热管理奠定领域基础。尽管相邻领域（比如软件电源管理、动态功率管理）也讨论过相同主题，但软件热管理领域在其目标和解决方案优化方面是独一无二的。

2）描述软件热管理领域的技术、框架和优化目录。每个微处理器供应商都有属于自己的热管理策略和方法，并注册为商标。这些不同的商标名称会引起混淆，因为它们经常描述着相同的东西，但我们必须找到其中微妙（但实质性）的差异。通过提供技术目录，希望将名称和术语标准化，使这一领域的知识更有凝聚力、更具组织性、更清晰。

3）提供一套检查清单，帮助读者将软件热管理概念制度化为产品开发过程。任何概念或设计思想，只要是好的，都应该在整个组织内制度化。热管理不应只是马后炮，而应该从一开始就考虑，带着热性能需求进行设计，在目标环境条件下测试，并在现场进行性能与缺陷评估。

4）为未来研究发展领域提供建议，以促进和发展软件热管理。尽管热力学和电气学已有超过 150 年历史，CMOS 集成电路也有 50 年历史，但动态功耗管理仅有 10 年，而软件热管理这一特定领域则是全新的。本书结尾将给出未来研究与学习这一领域的思路。在功耗动态管理，尤其是软件热管理领域内，最好的工作即将到来。

至本书结束，如果我们已经叙述该领域，讨论了我们现在和以后面临的主要挑战，并将解决软件热管理问题时使用的关键设计模式系统化，那我们就成功了。

1.6　效益

通过阅读本书，希望读者能够学会以一种新的方式思考电子系统中的热设计问题。通过将软件工程师引入问题空间，我们可以利用这些高创造性与高能力的思维来完成简化热管理解决方案的任务，即平衡随时间变化的功率与性能的需求，以满足用户的需求。

此外，希望通过描述和介绍软件热管理领域，使读者产生一系列想法，即关于如何将嵌入式系统的热性能本身视为一个领域。因而，相关博士论文得以继续，相关学术论文被撰写、审阅并出版，后续著作被编写，Linux 等操作系统得以改进，而产品也被设计得比从前更好、更安全、更可靠。

本书为读者带来的具体好处如下：

1）一篇将读者引入 STM 领域的通俗易懂的叙述。

2）一本参考书，其中包含一份可供现在或将来使用的 STM 技术目录。

3）一组检查清单，帮助软件工程师将 STM 概念体系化、制度化到软件或产品的开发过程中。

4）一份有关未来 STM 领域进一步发展和塑造的调查研究的领域清单。

1.7 特点

本书具有以下特色：

1）对软件工程师在管理嵌入式系统的热性能方面所起到的重要（且令人惊讶）作用进行了有说服力的叙述。

2）提供了可根据设备类型和设计目标应用于各种情况的软件热管理技术的参考目录。

3）独特的插图可以帮助软件工程师看清功率与性能之间的相互作用，以及软件对两者产生影响的方式。

1.8 组织

本书分为两部分，即第一部分　基础和第二部分　分类。在第一部分将论述软件热管理领域，包括其历史、挑战、主要方法、相邻产业，以及热力学与电子产品设计的根源。

在第二部分中将给出技术与软件框架方法的一览表。该部分旨在为今后应用提供参考。对于特定的系统也许只有一部分技术是适用的，而对于其他系统，所选处理器可能具有先进和专业性的特征，需要一个结合了多种技术的混合方法才能实现相同目标。

在附录中将给出一组检查清单，可用于将本书中所包含的思想整合到软件或产品的开发过程中。通过这样，希望软件热管理技术不再是古老的部落知识，而是随着时间推移，可以在某个特定的组织中重复、权衡，并改进的思想。

1.9 本书形式特点

（1）风格

书中行文是一种谈话式但又不失严谨的风格，意在让软件工程师能以最少的热力学、电子工程学或功率管理方法的先验知识进行阅读和消化。

（2）章节摘要

在大多数章节的开篇都给出了概要，总结该章节中的关键想法和观点，以及方便简单略读与后续参考的重要结论。

（3）插图

除特别注明外，所有插图均为原始插图。这些图形和图表都是专为本书开发的，用来帮助将软件热管理的关键思想形象化，其中图表是用统计计算语言 R 开发的。

（4）参考文献

在每章的末尾都有一份参考目录，这是为了查找参考文献更加方便，同时也使书籍更适应数字印刷的格式。

1.10　如何阅读本书

本书适合从头至尾地阅读，然而，根据阅读时的舒适度和先前的背景知识，为了达到令人满意的效果，读者可以采取如下方法进行阅读：

1）对于刚接触软件热管理概念的读者，请先阅读第一部分，以了解基本原理，然后略读第二部分，以了解技术概况，但在未来的时间里，请根据需要再重复阅读。

2）对于已经熟悉软件热管理概念的高阶读者，请先阅读亚马逊 Kindle Fire 平板的案例研究（3.5 节），然后浏览技术相关章节（第 4 章　技术）和框架（第 5 章　框架），同时略过那些可能陌生的内容。

对于初学者或高阶用户，请注意 3.5 节中的亚马逊 Kindle Fire 平板的案例研究和有关 Linux 电源管理子系统的案例研究（5.3 节），这是本书最实用且最具体的部分。

1.11　科学与艺术

软件热管理是建立在热力学和电子元器件设计工程学基础之上的。这样看，它无疑是一门科学。然而，它同样也是一门艺术，或者换个说法，软件热管理对策需要艺术且有创意的解决方案。

软件工程师是世界上最有创造力的人之一。创造软件架构就像在大脑中搭建精细的教堂，在某些软件架构中，其细致和复杂的程度如此之高，以至于即便是创建了该体系架构的人，也很容易忘记或混淆该架构中的某些部分。

将软件架构文档化的习惯和组织实践还不成熟，且因人而异。尽管存在着可用性非常好的工具和符号，例如统一建模语言（Unified Modeling Laguage，UML），也存在着许多关于该主题的书，但对许多组织来说，使软件架构设计的工作流程保持最新仍然是个问题。

软件工程既是艺术也是科学。对软件架构进行巧妙的艺术创建是有必要的，不仅仅因为它会产生出好的体系结构，也因为良好的体系结构更容易使人理解并在将来根据需要修改体系结构，而不破坏或违背设计的概念完整性。

在软件工程领域有一场与设计模式有关的运动，这项运动的灵感来自于现实世界的建筑和建筑设计模式，比如 Christopher Alexander 在 1979 年《The Timeless Way of Buiding》中所捕捉到的。

设计模式的这种趋势，以及随后关于应用、复用和重构设计模式的论文和著作都有助于软件架构生成方式的组织化和系统化。然而，软件架构的创建仍然是一类艺术形式，需要人类的判断力和独创性去创造和维护。对于某个特定的解决方案，它有一种优雅（或缺乏优雅）的主观因素，在代码的简短或冗长方面具有美学品质。甚至连空格的值它在软件工程中的用法和风格，都可能引发近乎宗教的、激烈的争论，从而在语言和团队之间造成隔阂。

通过软件热管理，半导体中所使用的电压和频率动态调整（Dynamic Voltage and Frequency Scaling，DVFS）技术可以使用相对机械的方法进行控制。然而，当这些技术被应用于动态软件系统架构，在解决软件热管理问题时，整个软件架构的属性（优点和缺点）是可传递的。

软件热管理不仅仅是一门科学，还是一门艺术，这是让软件工程师参与管理热性能的原因之一。对于解决方案的整体优势与成功来说，让软件工程师参与热性能管理是非常令人兴奋和必要的。这有以下几个原因：

1）软件架构能准确地模拟用户交互。因为系统与用户的交互与系统所需要的功耗密切相关，因此，当要决定何时需要计算，何时不需要计算时，软件架构是最重要的。

2）在电子平台上协调外设及其功率模式非常复杂。每个硬件外围设备都不同，它们通常由不同的厂商生产，在电子平台上有着不同的经济型用途，可以根据当前的使用场景在不同的时间打开或关闭。而软件就是用来控制外围设备状态和模式的工具，因此，软件工程师在其中扮演着重要的角色，因为他们是掌握着整体功率和热性能是否良好的关键。

在复杂的嵌入式电子平台中，几乎所有的工程活动都是创造性的，无论电气工程、机械工程、机电一体化、工业设计，还是软件工程，都是如此。软件热管理是一个新的、正在创新的领域。未来十年将是令人振奋的，我们将看到晶体管以新的方式应用于多核异构处理器，为了满足高性能多媒体应用而必须产生出色的低功耗睡眠模式，在计算需求很低时只需要很少的功耗即可维持运行，这一切都是由软件进行控制的。

参考文献

1. Alexander, C.: The Timeless Way of Building. Oxford University Press, New York (1979)
2. Bass, L., Clements, P., Kazman, R.: Software Architecture in Practice. Addison-Wesley, Boston (2012)
3. Benini, L., Bogliolo, A., De Micheli, G.: A survey of design techniques for system-level dynamic power management. IEEE Trans. Very Large Scale Integr. VLSI Syst. **8**, 299–316 (2000)
4. Benini, L., Bogliolo, A., Paleologo, A., De Micheli, G.: Policy optimization for dynamic power management. IEEE Trans. Comput. Aided Des. Integr. Circuits Syst. **18**, 813–833 (1999)
5. Benson, M.: Software thermal management with TI OMAP processors. Electron. Eng. J. http://www.eejournal.com/archives/articles/20120802-logicpd/ (2012)
6. Chung, E.-Y., Benini, L., De Micheli, G.: Dynamic power management using adaptive learning tree. In: Proceedings of the 1999 IEEE/ACM International Conference on Computer-Aided Design, pp. 274–279. IEEE Press, Piscataway, NJ, USA (1999)
7. Clements, P., Garlan, D., Bass, L., Stafford, J., Nord, R., Ivers, J., Little, R.: Documenting Software Architectures: Views and Beyond. Pearson Education, London (2002)
8. Gamma, E., Helm, R., Johnson, R., Vlissides, J.: Design patterns: abstraction and reuse of object-oriented design. In: Nierstrasz, O.M. (ed.) ECOOP 93 Object-Oriented Programming, pp. 406–431. Springer, Berlin (1993)
9. Lorch, J.R.: A complete picture of the energy consumption of a portable computer. Doctoral dissertation, Master's thesis, Department of Computer Science, University of California at Berkeley (1995)
10. Lorch, J.R., Smith, A.J.: Software strategies for portable computer energy management. IEEE Pers. Commun. **5**, 60–73 (1998)
11. Medvidovic, N., Rosenblum, D.S., Redmiles, D.F., Robbins, J.E.: Modeling software architectures in the Unified Modeling Language. ACM Trans. Softw. Eng. Methodol. **11**, 257 (2002)
12. Simunic, T., Benini, L., Glynn, P., De Micheli, G.: Dynamic power management for portable systems. In: Proceedings of the 6th Annual International Conference on Mobile Computing and Networking, pp. 1119. ACM, New York, NY, USA (2000)
13. Sinha, A., Chandrakasan, A.: Dynamic power management in wireless sensor networks. IEEE Des. Test Comput. **18**, 62–74 (2001)
14. Weissel, A., Bellosa, F.: Process cruise control: event-driven clock scaling for dynamic power management. In: Proceedings of the 2002 International Conference on Compilers, Architecture, and Synthesis for Embedded Systems, pp. 238–246. ACM, New York, NY, USA (2002)

第 2 章 概况：历史、壁垒和前路

越学习越认识到自己的无知，越自觉无知便越想要学习更多。

——阿尔伯特·爱因斯坦

软件热管理是一个综合考虑了原理图设计、PCB 布局、机械设计、材料学、软件工程和应用场景的系统级的问题，其范围很大，方法也非标准化。本章将回顾摩尔定律的历史、并行性的局限性，以及软件工程师在管理嵌入式系统热问题时不得不发挥的特殊作用。

2.1 历史

世界上嵌入式设备的数量在持续增长，未来几十年增长还将加速。2011 年思科公司的一份报告中预测到 2015 年，会有 250 亿个联网设备，至 2020 年，世界上将有 500 亿个联网设备。图 2.1 描绘了这一预测趋势。实际增长率会比预测更快还是更慢仍存有争议，但可以肯定的是，电子设备的数量在未来几十年将显著增加。

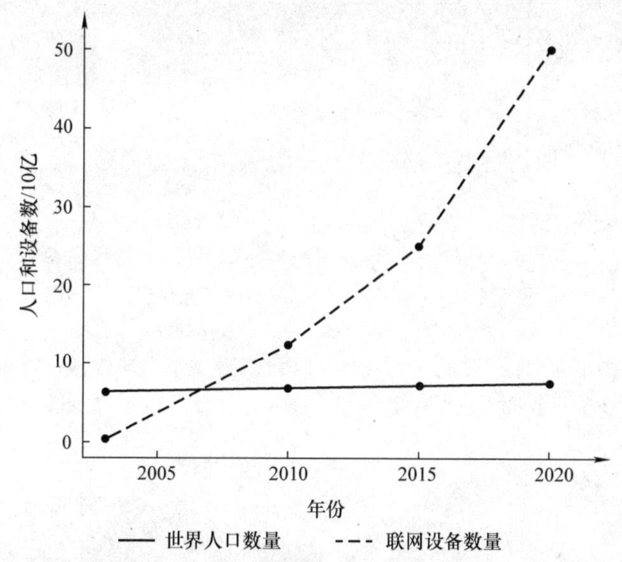

图 2.1 物联网（Internet of Things，IoT）的增长预测，来自思科公司 2011 年的报告 *The Internet of Things：How the Next Evolution of the Internet Is Changing Everything*。请注意，在 2007—2008 年，世界上联网设备的数量超过了世界人口的数量。随着越来越多的非消费类设备，如工业设备、公共设施、运输和交通控制系统等连接起来，这一趋势将不可避免地继续增长

随着设备数量的增加，微处理器的销量将不可避免地增加，同时这些微处理器处理复杂计算的能力将变得越来越强。在 2013 年麦克林的报告中对集成电路行业的全面分析和预测表明，微处理器的销售趋势正在从 4bit 和 8bit 微处理器向 16bit 和 32bit 处理器转移。处理器越强大将消耗越多的功率，从而产生越多的热量。这一趋势如图 2.2 所示。

在 2013 年 1 月份全球信息公司和 BCC 研究报告中显示，热管理技术（风扇、鼓风机、散热片、材料和基板）在 2011 年的市值为 67 亿美元，在 2012 年达到 70 亿美元，预计实现预期的五年复合年增长率 7.6% 以后，在 2017 年市值将达到 101 亿美元。大多数的增长是由于更高的计算需求导致的对计算机产业中这些技术的需求增加，如图 2.3 所示。

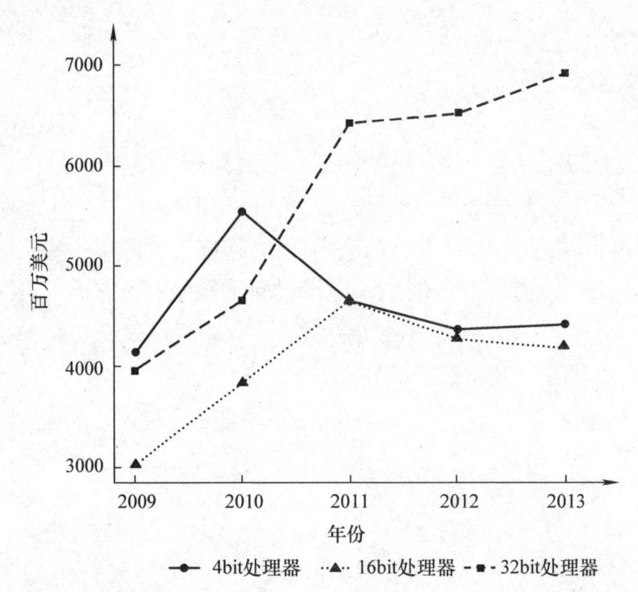

图 2.2　微控制器单元（Microcontroller Unit，MCU）的市场历史与销售。来自麦克林 2013 年的报告 *A Complete Analysis and Forecast of the Integrated Circuit Industry*。随着计算需求的不断增长，出现了向 32bit 处理器发展的明显趋势，32bit 处理器有更多的计算能力（数学、视频、音频等），但也会产生更多的热

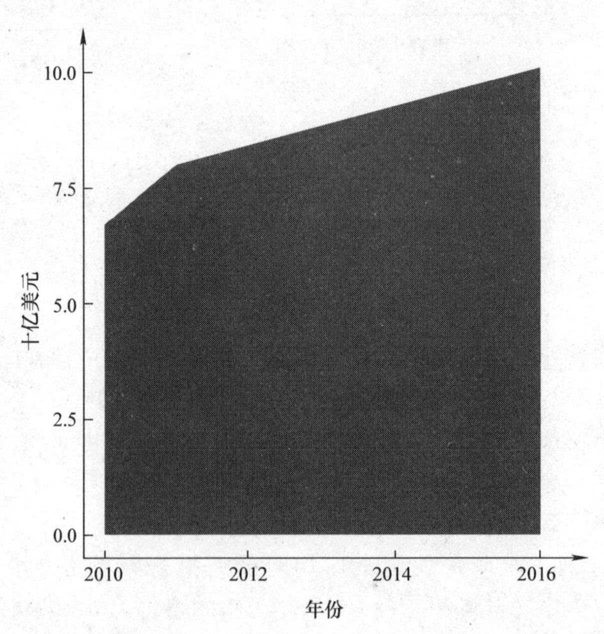

图 2.3　全球热管理市场趋势（2010～2016）。来自全球信息公司和 BBC 的研究报告 *The Market for Thermal Management Technologies*（2013 年 1 月）。讨论的热管理技术包括风扇、鼓风机、散热器、材料和基板，其中 2014～2016 年为预测数据

这一趋势清楚地表明，对计算机产业中传热技术的需求在增长。由于热量是功率消耗的副产品，所以为了控制热量，我们必须了解并控制功率。

如同医生根据观察到的一系列症状来诊断病人的身体状况一样，对于嵌入式系统中的热问题，现有的大多数解决方案都集中于转移热量（症状治疗），然而根本原因却在于功耗（病因）。

究其核心，计算需要功率，功率又需要电流，而电流会产生热。当出现足够大又集中的热量时，就会引起热症状，比如器件可靠性降低、性能降低、安全性风险增加和整个系统的失效。图 2.4 显示了计算需求、功率、热量和热症状之间的关系。

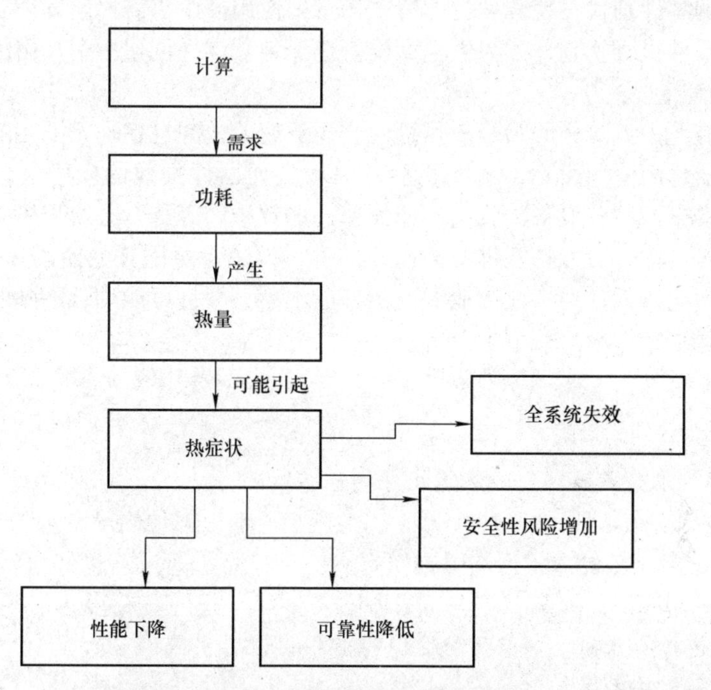

图 2.4　嵌入式系统的计算需求、功率、热量和热症状之间的关系。计算需求的运行需要功率，功率被消耗时，散发并产生出副产品热量。当热大量出现在集中区域时，可引起负热症状，例如产品性能降低、电池寿命减少（温度越高，电池放电速度越快）、可靠性降低（元器件如果超出建议的工作条件运行则会失效）、安全性风险增加（集成电路由于过热失效，且失效模式是不可预测的），以及总系统故障（处理器或其周围的关键元器件受损或停止工作）

集成电路工作在厂商指定的温度范围内时，通常不会出现负面热症状。然而，当微处理器工作在极高环境温度下，或必须长时间运行在计算量（和功耗）的高水平状态时，热就成为一个严重问题，并会导致系统可靠性和安全性方面的问题。

集成电路通常按不同的等级生产和销售，这些等级具有不同的工作温度范围，常用集成电路温度范围见表 2.1。

表 2.1 常用集成电路温度范围

分类	最低值	最高值
商用	0℃	70℃
工业用	-40℃	85℃
军用	-55℃	125℃

为产品设计选择电子元器件时，商用级和工业级的零件相对比较容易获取，而军用级的零件则仅在特殊项目的特殊场景中使用。由于需求量较小，故意味着军用级的零件很难找到，如果供应商没有选择为其零件创建一个军用级版本，则根本无法找到。

热疲劳尤为危险，因为峰值热事件会导致疲劳，并且在毫无征兆的情况下缩短电子元器件的使用寿命，且在稍后的时间点元器件失效的概率也会增加。因此，对于安全性关键设备，我们不能简单选择观望和等待，必须积极主动。通过选用工业级零件，可以拓宽推荐的操作条件，以满足更困难的使用环境和要求。工业级和军用级零件通常比商业级的零件成本高，并且可能具有不同的交货周期（从下订单到预期交付之间的时间间隔）。

总结

- 世界上嵌入式设备的数量正在高速增长。
- 业界正在转向 32bit 处理器，因为它们能够更好地满足复杂的计算需求，同时还能够处于功耗非常低的睡眠模式。
- 世界热管理市场（风扇、鼓风机、散热片、材料和基板）正在增长，表明对于热传导或能提供更有效对流途径的机械部件的需求正在日益增加，这样才能在电子系统中更有效地传递热量。
- 热是电子系统中功率的自然副产品，如果热量产生得足够多且聚集在某一区域，一旦超出元器件的建议工作条件，则可能发生热疲劳或失效。
- 电子元器件的制造有不同等级（最常见是商业级、工业级、军用级），以确保元器件能够在规定温度范围内正常工作，从而满足不同的应用需要。

2.2 壁垒

然而，软件热管理的故事并没有那么简单。一个动态复杂嵌入式系统的热性能是很难理解、很难建模、也很难控制的。在设计过程的每一步都有一些障碍需要克服：

1）定义系统的需求本身就是一个挑战。理解用户想要什么，需要什么，以及他们需要在什么样的环境下使用产品进行工作，这是一个独立的领域。

2）定义操作环境可能很棘手。对于该如何描绘和定义电子设备的终端操作环境，许多学术论文力图对此进行建模和描述。

3）电子设计，包括电路原理图绘制和印制电路板（Printed Circuit Board，PCB）布局是做出许多关键性决策的地方。这些决策最终影响着系统的传热能力，以及软件控制功率和热性能的能力。比如，元器件位置如何摆放，这些元器件与PCB或外壳接触会有什么影响，哪里放置过孔[⊖]会产生什么影响等。电路的设计方法对系统的热性能有很大影响，它决定了电路是否能在不使用时被软件关闭，这些都是必须在设计阶段做出的决定。关于这个话题有着大量的资料。

4）选择一款既满足电子系统的功能需求，又符合系统工作时所必须满足的发热量限制的处理器很难做到。在许多情况下，多处理器可以满足系统需求，但它们可能出自不同的厂商，拥有不同成熟度和实用性的软件开发工具包（Software Development Kits，SDKs），且在功率和热管理能力上可能具有微妙的差别。既然理解终端系统对功率与热的真实需求很困难，那么选择处理器时可能就会存在问题。

5）使用一款处理器所有的功能虽然重要却很费时间，而且时间很难估计。尤其是使用复杂异构核的片上系统（System of Chip，SoC）处理器，这些处理器能够进行高级多媒体处理，功率很低，它们有许多的旋钮和控制杆可以一起配合使用，从而实现非常低的动态和静态功耗。然而，伴随这些处理器而来的数据表是庞大又复杂的，对数据表进行分类整理可能是设计和实现嵌入式系统最佳热性能的一个瓶颈。

6）协调嵌入式系统中的外设资源使其相互之间协同工作以满足热性能需求，这是很棘手的，第5章将论述这一点。

7）由于热疲劳几乎不可能通过经验来察觉，因此集成电路上热峰值所带来的真实危害可能会被人混淆。当处理器完全过热时是很容易被注意到的，因为电子元器件的变色在视觉上很明显，同时系统也会停止所有的操作。

这些以及其他一些挑战正是我们所面临的。有一些已知技术已经用于解决嵌入式计算系统的热问题，一些框架开始出现，例如在Linux内核中。但在许多方面，它仍然是个黑色艺术，只能通过获取丰富的理论与实用主义结合的经验才能掌握。下面几节将更详细地描述这些壁垒。

⊖ 过孔是物理电子电路（如PCB）中的层之间的电连接，其穿过一个或多个相邻的平面。

总结

• 规划和解决嵌入式系统的热性能问题可以被视作是一系列障碍，我们的任务是为后续设计克服并降低这些障碍。

• 处理热问题有一些已知的技术和新兴的框架，但将软件工程师引入到复杂的热力学和电子元器件设计中却是相对较新的做法。

2.2.1 摩尔定律的局限性

摩尔定律是由英特尔联合创始人戈登·摩尔于 1965 年提出的，其内容为：自集成电路问世以来，集成电路上每平方英寸的晶体管数量每年会增加一倍。在这具有里程碑意义的论文中，摩尔预言在可预见的未来，这一趋势将持续下去。

在随后的几年里，速度有所放缓，但集成密度大约每 18 个月就翻一倍。因此，18 个月是目前公认的摩尔定律。

为了举例说明摩尔定律，图 2.5 显示了 1970—2010 年英特尔主要处理器上的晶体管密度。

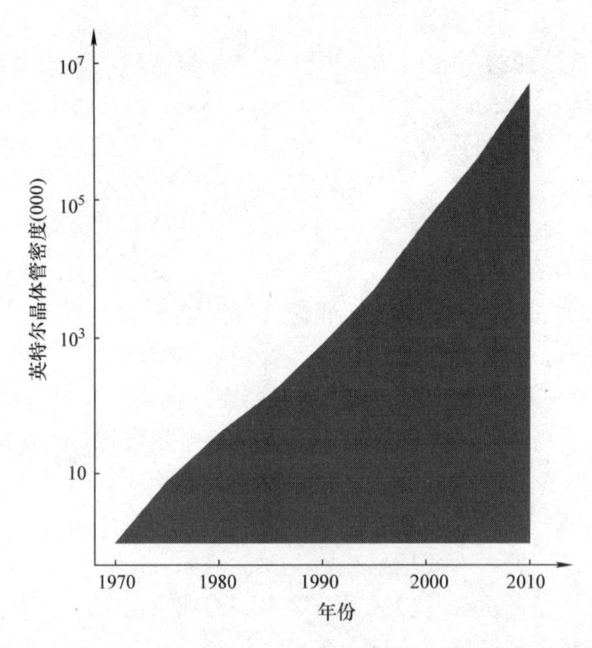

图 2.5 适用于英特尔处理器上晶体管密度的摩尔定律。该图显示了随着时间推移，晶体管数量与日期的对应关系。注意图中的对数纵坐标，它表示持续的指数增长

总结

- 根据摩尔定律，每平方英寸上的晶体管数量将继续以指数型增长。
- 摩尔定律近50年来一直保持着惊人的精确性（尽管我们在2.2.2节会看到对此的一些警告）。

2.2.2 热壁

有趣的是，如果我们仔细观察，则会发现一个奇怪的现象：尽管晶体密度持续增加，但CPU速率却没有随之上升。如图2.6和图2.7所示，时钟速率和功耗都从2005年开始趋于稳定。到底发生了什么？答案是与热力学和动态功率定律有关。

在传热方面，我们能做的已经达到了物理极限。随着处理器上晶体管密度的增加，所消耗的功率也在增加。当这些功率被消耗时，就会产生热，而我们在将这些热传递到周围环境空气中的散热能力有限，阻碍了我们继续制造越来越快的处理器。

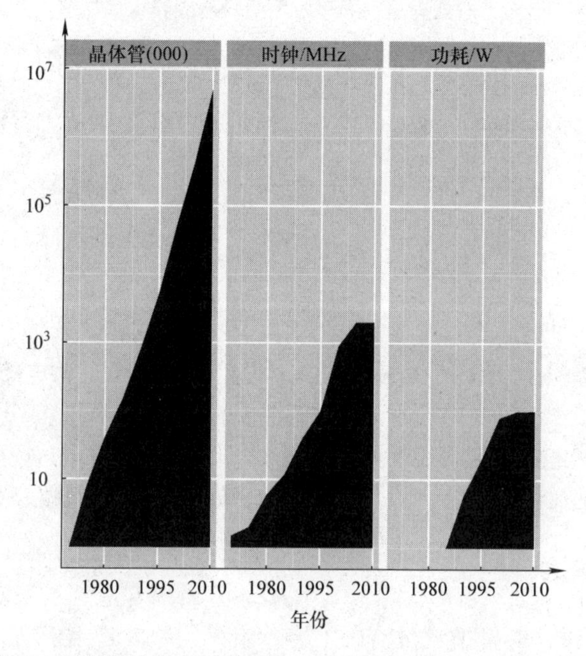

图2.6 用于英特尔处理器的晶体管、时钟和功率随着时间的增长曲线。从图中可以看到晶体管密度根据摩尔定律一直在上升。然而，功率和CPU频率已经趋于平稳，这是因为遇到了信号完整性问题，以及从一个热质量如此小的设备向周围环境传递热量的问题

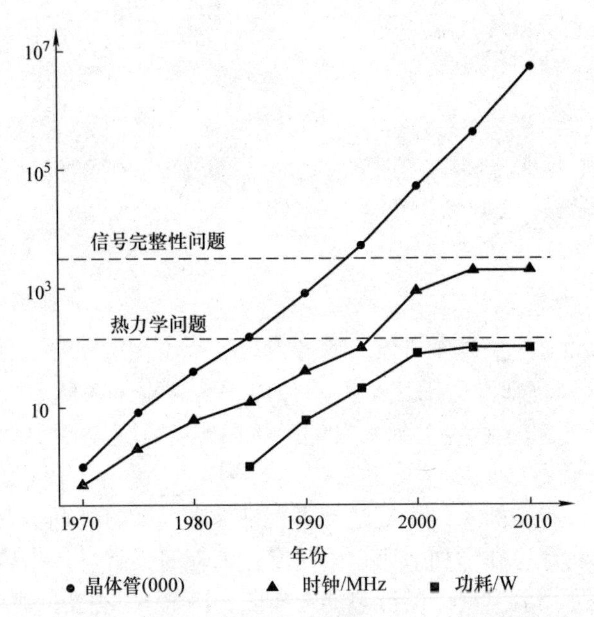

图 2.7　随着处理器功能变得更加强大，它们在消耗更多功率的同时也会产生更多的热量，以致这个行业现在已转向针对处理器密集型应用的同构或异构多核解决方案，这样每个核可以以较低的频率运行，从而大大减少处理器消耗的功率。CMOS 集成电路中的动态功率是电容、频率和电压二次方的非线性函数［见式（2.1）和图 2.8］，这种关系的非线性特性非常重要，因为它表明随着开关频率的增加，功率（以及由此产生的热量）呈指数型增长

总结

- 我们已经到达一个热壁，因为在没有主动散热的条件下，CPU 速率不可能超过 3GHz。
- 这种趋势是由于在高频率下，作为功耗副产品产生大量的热，不能足够快速地被传递出去。
- 解决问题的答案是降低处理器频率，或增加更多的核（每个核的频率都较低），以达到相似或更高的计算性能。由于功耗较低，因此热性能更好。

2.2.3　动态功率

从根本上来讲，时钟速率没有跟上摩尔定律的原因是由于动态功率定律。动态功率模型由式（2.1）表示，它描述了处理器的容性负载在充放电时的功率损失。从方程的 V^2 部分可以看出，降低电压对总功耗的影响最大。

$$P = CV^2 f \tag{2.1}$$

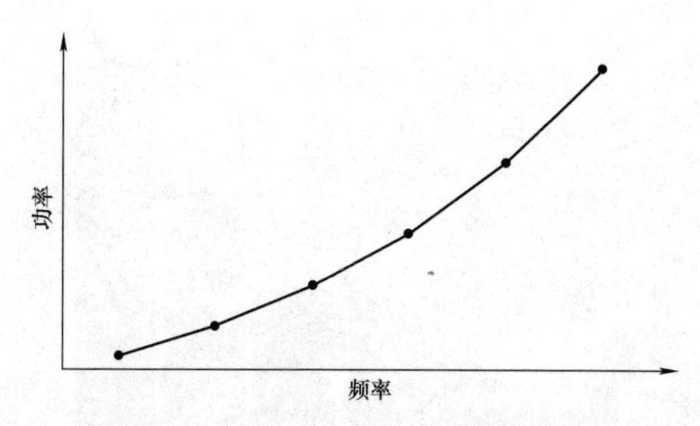

图2.8 处理器频率函数的动态功率曲线。它表明随着处理器频率的增加，处理器电容负载在充电和放电时所需的功率以指数型增长。因为对于软件热管理，我们的目标是管理系统的热性能，所以应尽可能频繁并长时间地降低处理器频率和电压，以确保将不必要的处理器功率和输入电压降至最低

动态功率的规律如式（2.1）所示，其中 P 为功率，C 为电容，V 为电压，f 为开关频率。随着 CPU 速率（开关频率）的增加，激发浮点计算所需要的功率也会增加。反过来这又增加了发热量，由于处理器的热质量相对较小，所以要除去这些热量变得越来越困难[⊖]。

动态功率方程是一个非线性方程，这一点十分有趣。由此可以得出结论：对于低功率嵌入式系统，应该尽可能地降低电压，也必然要降低频率，从而降低功率，减少发热量。

正如将在本书的其余部分看到的，软件热管理的许多理论、技术、框架和实际应用都依赖于动态功率定律。如果熟练的话，我们可以操纵曲线自由地上下穿越，使用自适应电压调整（Adapt Voltage Scaling，AVS）技术将曲线调整至对我们有利的状态，花更多时间在曲线的最优（更低）部分，并且通过选择快速启动优化来迅速地按需缩放曲线。

为了演示功率和频率之间的关系，现在来看看英特尔的奔腾 M 系列处理器。英特尔奔腾 M 系列处理器是 2003 年 3 月推出的 32bit 单核 X86 微处理器。“M”代表移动设备，这些处理器具有一系列可以选择的工作点。每个工作点都是一对（频率、电压）组合，意味着处理器可以运行的一组状态。英特尔奔腾 M 系列处理器的 6 个工作点如图 2.9 所示。

⊖ 对于给定的处理器，电容 C 是固定的，但是电压 V 和频率 f 是可变的。注意事项：①某些 CPU 指令在每个时钟周期消耗的功率比其他指令少；②CPU 的静态功耗（当 CPU 没有进行有效工作时消耗的功率）不由该等式表示。然而，静态功耗确实随温度而变化，高温的电子，特别是那些暴露在更强电磁场中的电子更有可能跨越栅极迁移，被认为是“栅极”泄漏电流，增加了 CPU 的总静态功耗。

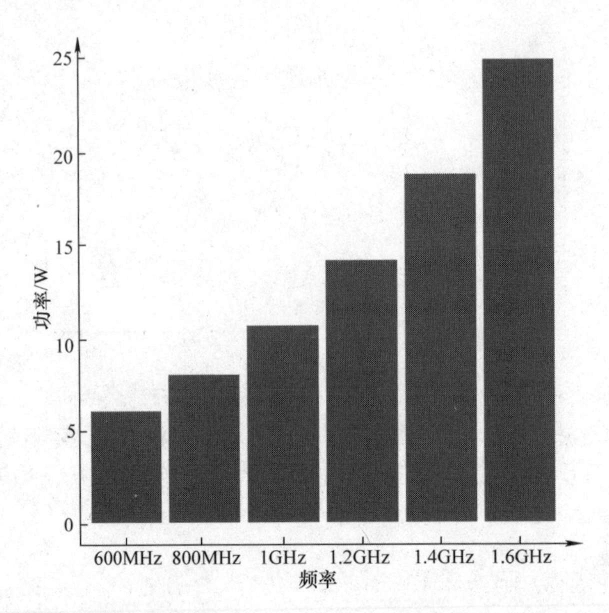

图 2.9　英特尔奔腾 M 系列处理器的 6 个频率/电压工作点（功率和频率）。该图表明频率与功率是相关的，但不是线性相关的。随着频率的增加，由于动态功率方程［式（2.1）］中的 V^2 部分，功率也呈指数型增长

有一类片上系统处理器，如 TI OMAP、高通骁龙（Qualcomm Snapdragon）和 Nvidia Tegra 系列处理器，它们将多个 ARM 处理器核心、图形引擎和一个数字信号处理器（Digital Signal Processor，DSP）组合在一个封装中。这类 SoC 通常用于手机，在需要时能提供可进行大规模计算的功率，在空闲时可以缩减功率至超低功耗模式。从散热角度看，如果这些芯片长时间全速运行，那么将超出其建议工作温度范围，可能损坏自身或周围的元器件。

总结

- 动态功率是电容、频率和电压二次方的组合。
- 根据动态功率模型中的关系，集成电路功耗的一个主要组成部分就是提升频率所需要的输入电压。
- 减少动态功率，最好的办法是降低电压，这就意味着频率也会降低。
- 新的 SoC 芯片是基于当前的计算需求构建的，这些处理器在手机和平板电脑上尤其适用。
- 在软件热管理领域，我们的工作是导航和操纵动态功率曲线，本书的其余章节将更详细地深入研究这些问题。

2.2.4　多核承诺

从2005年开始，多核的趋势是由热壁引起的，由于热质量不断缩小，我们遇到了CPU速率（信号完整性问题）和功率耗散（传热问题）的极限。

从热的角度看，从一个大核转移至多个小核有许多优点。回顾一下动态功率定律，由于频率与电压之间近似二次方的关系，因此以一半的速率运行双核比全速运行单核所消耗的功率更少，如图2.10所示。

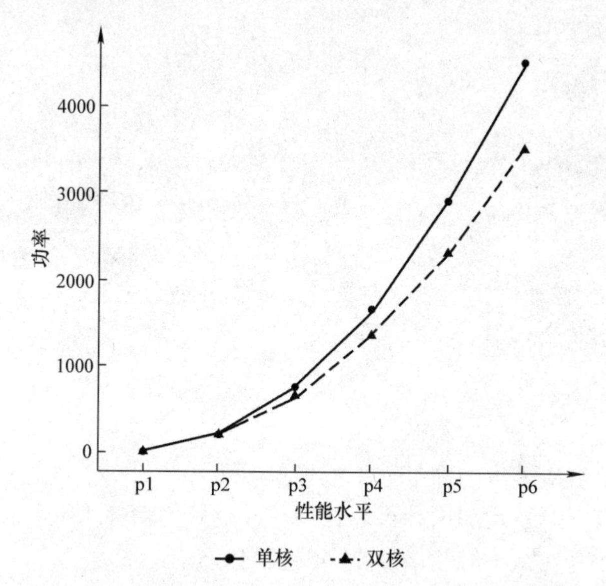

图2.10　一个以2倍频率运行的单核总是比它的多核等效体消耗更多的功率。这一事实是基于动态功率定律的，并可能会将我们推向两种结果：①尽可能地减小功率；②如果选择多核运行而不是单核，则将因为在每个单位功耗下拥有更多的处理能力而受益。这种好处来自软件并行技术的复杂性，但这些技术往往容易出错

随着处理器的多核化，在提高速度和计算能力的同时，也消耗着更少的功率，并产生更少的热量，以换取更高的软件并行复杂性。换句话说，如果只运行一个单线程程序，那么拥有多核便没有任何好处。

在讨论多核概念时，需要指出的是有两种多核解决方案，即对称多处理（Symmetic Multipro - Cessing，SMP）和非对称多处理（Asymmetic Multipro - cessing，AMP）。

1）对称多处理由 N 个同质核（即两个ARM核）组成。通常一个操作系统和一个软件系统管理所有的核。

2）非对称多处理由 N 个异构核（如ARM + DSP + ISP + 图形引擎）组成。

在这种情况下，这些核通常由多个操作系统和软件子系统管理。

在本书的其余部分讨论多核时，通常讨论的是混合的多核解决方案（对称 + 不对称），它可能包含多个同质 ARM 核和异构处理核，如 ISP 和 DSP 都在同一封装中。

关于热性能，多核解决方案为我们提供了以下好处：

1）更多性能；

2）更少功率消耗；

3）更少热量产生。

总结

• 2005 年多核解决方案的趋势是由处理器高频率导致的故障引起的，这些高频率通常需要更高的输入电压，同时产生的热量太多太快，以致无法有效地传递出去。

• 多核解决方案使我们能够在软件设计中以更高的复杂性为代价，获得相似或更好的计算性能，从而支持并行性。

2.2.5 阿姆达尔定律

然而，多核解决方案的前景并不如想象般美好。起初，看起来似乎最好是继续增加更多的核。既然增加内核可以在同等或更好的功耗水平与热性能上拥有更多的处理能力，为什么不继续增加更多的核呢？

阿姆达尔定律被用来模拟每增加一个新核时所获得的加速量。该模型基于两个原则。首先，通过添加更多内核，可以实现更高的计算水平。第二个原则是我们所能提升的计算引擎的速度是有限的，因为加速量（根据阿姆达尔的定义）受限于可并行化处理的软件程序的数量。

阿姆达尔定律可以简单表述为

$$1/(1-P) \tag{2.2}$$

这里描述了阿姆达尔定律，其中 P 为可并行化程序的比例。换而言之，程序只能被加速到和它最大的单线程部分一样快。如果一个程序不能并行化，那么即便投入 100 个核也不会加速程序，也不能把计算分散到多个核上进行，因此也无法把热量散掉。图 2.11 是阿姆达尔定律在核数量趋于无穷时的图形描述。

转向多核并以高并行度方式运行可以帮助我们改善热问题，但并不能消除它们。高功率设备，如具有便携式、电池供电、多媒体功能的设备将导致重大热问题，是我们仍然需要解决的，下一节将深入讨论这些热问题。

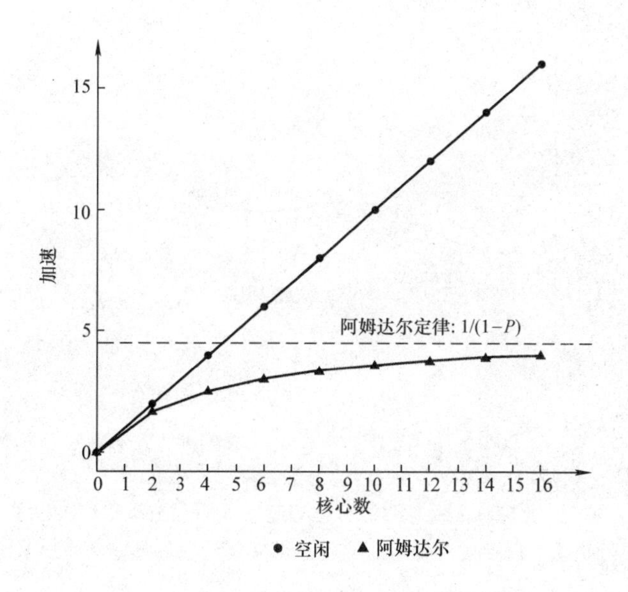

图 2.11　阿姆达尔定律限制了我们通过增加多核所能实现的处理器的加速。这个限制是基于可以并行化的软件程序所占的比例

总结

- 阿姆达尔定律模拟了我们在某个具体的多核解决方案中可预期的加速程度。
- 根据阿姆达尔定律，加速的多少受可并行化软件程序比例的限制。
- 转向多核解决方案可以帮助我们缓解软件热管理的问题，然而，它并不是最终的解决方案。为了真正地做好软件热管理，我们必须学习如何遍历和控制动态功率曲线。

2.2.6　温度极限

每个微控制器都有一个建议的工作条件范围。如果微控制器内部的结温超过了推荐值，则芯片可能无法正常工作，从而导致性能下降、出现热疲劳（寿命缩短）或者可能停止所有操作。

图 2.12 是微控制器建议工作温度范围的简化视图。

半导体器件，如微处理器通常作为商业应用，其正常工作温度范围是 0 ~ 70℃。而对于工业应用，有一个更宽的温度范围要求，因此这些器件被指定的正常工作范围通常在 −40 ~ 85℃，详见表 2.1。

有一些应用领域，如军事、石油和天然气，以及汽车工业则需要更加宽广的

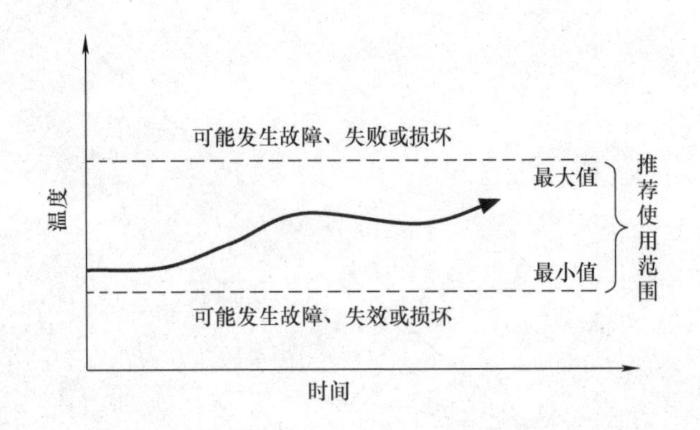

图 2.12　微控制器建议的工作温度范围规定了微控制器可以安全运行的温度上限和下限。如果微控制器内部的结温超过这个范围，则可能出现部件疲劳或损坏。热疲劳难以被发现，因为它通常没有明显可见的迹象，而且由于零件可以继续工作，因此这个潜藏在外壳里面的问题可能要到以后才会显现出来

范围，但这些行业的需求量较小，器件往往很难获得，或者根本无法获得，除非通过特殊合同。

这些温度范围被正式化为标准措施，称为建议工作条件（Recomended Operating Condition，ROC）和绝对最大温度范围（Absolute Maximum Ratings，AMR）。ROC 指定了厂商推荐的温度范围，以保证可以安全运行。如果超过了 AMR 的温度范围，那么将很难保证不会对零件造成损坏。ROC 与 AMR 之间的关系如图 2.13 所示。

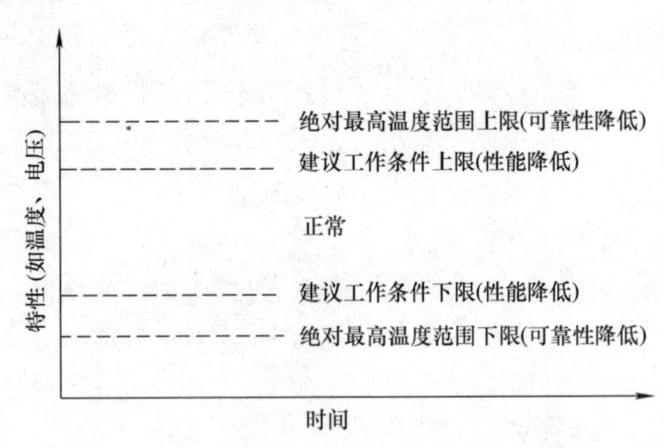

图 2.13　元器件的 ROC 和 AMR 明确了安全操作的温度范围。ROC 界定了一个安全可靠的工作温度范围。超过 ROC 会导致器件性能不佳，或者可能出现热疲劳，超过 AMR 将显著增加器件的失效风险

总结

- 集成电路的温度限制规定了集成电路安全运行的范围，超过这些限值将导致热疲劳或缩短零件寿命。
- 建议工作条件指定了器件的安全工作范围。
- 如果超过绝对最高温度范围指定的温度，则几乎可以肯定会导致器件无法正常工作。

2.2.6.1 建议工作条件

元器件制造商提供的 ROC 包括电压等级和温度范围。通过指定 ROC，制造商通常并不能保证在这些条件下零件的可靠性。相反，它们正在记录自己进行测试的条件，从而可以高度确定元器件在这些条件下将会正常工作。

元器件失效的原因很多，然而，如果元器件在其指定的 ROC 范围之外工作，则失效率会显著增加。

总结

- ROC 为元器件的安全运行指定了一个温度范围。
- 如果违背了 ROC，则元器件可能不以最佳方式运行，随着时间推移还可能出现热疲劳症状，也可能完全不工作。

2.2.6.2 绝对最大温度范围

数据手册中的绝对最高温度范围部分提供了工作参数与环境参数的限制，包括功率、电源和输入电压、操作温度、结温和储存温度。

定义 2.1 国际电工委员会（International Electrotech nical Comission，IEC）将 AMR 定义为“适用于某一具体型号电子器件的工作和环境条件的限值，在最恶劣条件下也不应被超过。元器件制造商选择这些值是为了提供元器件可承受的使用可靠性，不为设备的变化以及由元器件本身和设备中其他元器件的特性变化导致的工作条件变化的影响承担责任。设备厂商应该如此设计，以便在最初和整个寿命期间，在关于供电电压变化、设备元器件变化、设备控制调整、负载变化、信号变化、环境条件变化、元器件自身以及设备中其他电子元器件的特性变化方面可能的最坏工作条件下，任何元器件都不超出约定用途的绝对最大值。”

换句话说，元器件制造商选择 AMR 值，而将这些元器件集成到产品和系统的原始设备制造商（Original Equipment Manufature，OEM）负责确保所指定的条件不被超过。

零件制造商提供 AMR 作为可靠操作的限制，并不保证 AMR 之外的电气性能或操作，超过 AMR 将显著增加元器件发生物理损伤的风险。

总结

- 集成电路的 AMR 限定了元器件的温度范围，超出这个范围时热疲劳或完全失效的风险将显著增加。
- 在为嵌入式系统设计选择组件时，确保 AMR 适用于系统规定的环境工作条件和热使用案例。

2.2.7 嵌入式系统的并症

嵌入式系统（相对于个人计算机或超级计算机而言）通常体积较小，且被封闭或密闭在机箱中。嵌入式系统设计的独特性，以及其使用场景类型为嵌入式系统设计人员带来了沉重的热负担，尤其是当嵌入式系统必须在诸如多媒体视频或音频用例的高计算需求，与以节省电池电量为目的的超低功耗模式之间循环切换时，这点尤为重要。以下是嵌入式系统中存在热问题的一些具体原因：

（1）较高的环境温度　嵌入式系统经常在极端的温度条件下工作。此外，由于封闭外壳和有限的对流通道，嵌入式系统内部的环境温度也比非嵌入式设备高，因此，AMR 与环境温度之间的差距较小。达到热平衡以后热传递的速度更慢，这可能会导致问题。举个例子，设想一杯热水放在一大盆冷水中，随着时间推移，热量从热玻璃传递到冷水盆，然而，随着热平衡的临近，热传递的速度将减慢，如图 2.14 所示。

（2）较小的热容量　这是由于 IC 尺寸非常小，且很难有效地将热量从小热容量的元器件中消除。当热量很难消除时，高温更容易导致热疲劳或失效，如图 2.15 所示。

（3）密封的外壳　对于必须防水的嵌入式系统，或是与环境空气隔绝的密封系统，将热量从元器件传递到环境中的途径是有限的，这为嵌入式系统带来了额外的热问题。

（4）扩展使用和长寿命支持　当元器件暴露在高于 ROC 或 AMR 的温度环境中时，集成电路的整体寿命会降低。安装在工厂设备中，或是用在工业或医药环境下的嵌入式系统通常会有很长的寿命（5 ~ 15 年）。因此，在元器件生命周期早期发生的热疲劳将有更大机会影响元器件的可靠性。嵌入式系统经常会有来自 OEM 的扩展使用和长期支持的寿命要求，这会导致对热性能和热疲劳敏感性的额外担忧。

（5）将电池暴露在高温下会增加自放电　尽管可靠性不会明显受影响，但电池以及系统的性能会随着温度的升高而降低。电池在使用时，电池化学反应会被激活，在更高温度下，电池从反应中释放能量的速度也会加快。嵌入式系统通常都有电池，如果是这样，那就很难得到理想热性能。

（6）为了提高射频（Radio Frequency，RF）性能，许多外壳由玻璃或塑料制成　然而，这些材料往往是隔热的，而无法将热量有效地传导到外部环境中。铝壳具有良好的导热性，能有效地传递热量，但铝的加工成本高，除非元器件单价或者设计容量较高，否则使用铝壳可能没有意义。

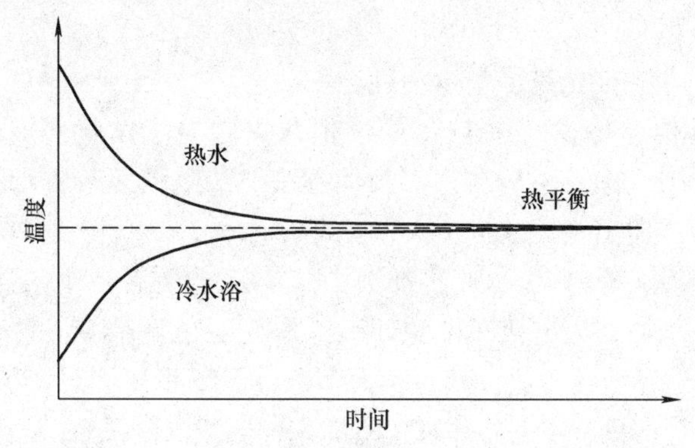

图 2. 14　当接近热平衡时，热传递的速度随时间而降低。在这个例子里，一杯热水被放在一个很大的冷水盆中，随着时间的推移，热量将从热玻璃传递至冷水盆，然而，当两者温度接近时，热传递的速度将会变慢

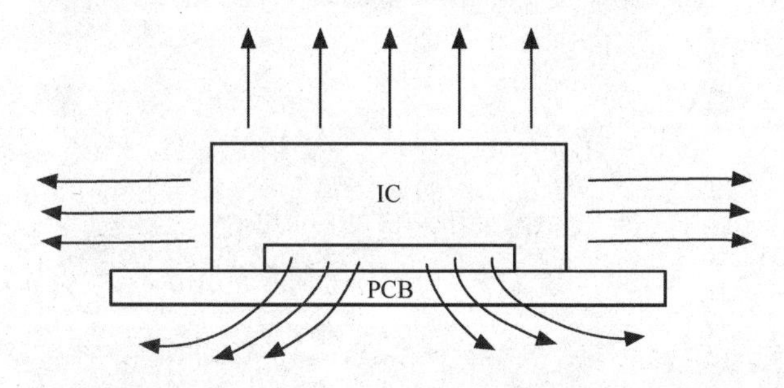

图 2. 15　集成电路向各个方向传递热量。在处理器下面（或者上面）放置垫片，可以帮助更快地传导热量，使热量更快地逃逸

总结

- 嵌入式系统很小，通常密封在绝热材料制成的外壳中，这些因素使得求解最佳热性能问题变得尤其困难。
- 当系统的峰值计算需求很高，且设备的预期寿命很长时，热问题就会加剧。

2.3 解决方案

在解决热问题时，可以采用以下三种方法：

（1）减小功率损耗　减少热量的最好办法是消耗更少的功率。由于热力学定律（即能量守恒），以及受熵和焓的平衡支配的系统行为，因此对我们来说不产生热量的最好方法首先是尽量少消耗功率。

（2）有效地传递热量　一旦热量产生，我们的工作就变成通过导热垫片、环氧树脂、夹子、风扇、液体或许多其他方法，来提供一条从元器件到环境的有效路径，将热量传递出去。

（3）限定环境　如果其他方法都失败了，那么最后一个限制热量的方法是限定工作环境。例如，指定元器件的环境工作温度必须在特定温度或者更低，这是一个有利的限制环境的方法。然而，大多数情况下是环境限定了它自己，因此，这方面的热性能管理只有在对工作环境有完全控制或深刻了解的时候才能使用。

在这三类方法中，软件和电气设计主要适用于第一种方法，嵌入式系统中的热是功率的副产品。通过专注于软件技术来降低功率，可以影响元器件的热性能，并从源头上阻止热量产生，管理热量的最好办法是不消耗功率。

接下来的部分将详细讨论这些方法。

总结

- 解决热问题有三种方式，即降低功耗、有效的热传递和限定环境。
- 软件热管理和电子设计主要适用于降低功耗，以此作为控制热量的手段。

2.3.1　减少功耗

由于我们的目标是管理嵌入式系统的热量，那我们的目标首先必须是不产生热量。幸运的是（或者不幸的是），软件工程师在此领域有着相当大的影响力。

回到话题——热是电气系统功率消耗的副产品的基本原理，软件工程师的工作就是使嵌入式系统消耗更少的功率，从而产生更少的热量。

电子器件的功率由动态功率和静态功率两部分组成。静态功率处理漏电流和低电平功率，即使在集成电路或处理器没有做任何有用的计算时，低电平功率也会在传输或浪费中丢失。动态功率对系统的热性能有相当大的影响，它决定了功耗和热输出的峰值时间。这本书主要关注的是动态功率，因为它是嵌入式系统中热性能差的主要原因。

总结

- 减少功耗是嵌入式系统热管理的一种方法，是最能够被软件控制的。因为热量是功率消耗的副产品，可以通过降低功耗来减少热量。
- 嵌入式系统的功率由动态功率和静态功率两部分组成。静态功率虽然对于节省电池寿命和减少环境有重要影响，但它对热输出贡献并不大，因此本书主要关注动态功率，因为它是导致峰值热事件的主要因素。

2.3.2 有效的热传递

在消耗功率和产生热量之后，如何将热量传递到环境中去就成为挑战。于是，用于传热的方法和设备正在被人们大量制造。传热领域以及用于解决传热问题的技术可分为三个部分：

（1）传导　在有物理接触的物体之间的能量传递（散热器、封装、热胶带等）。

（2）对流　由于流体运动（空气、液体等），在物体与环境之间的能量传递。

（3）辐射　通过发射或吸收电磁辐射，使得能量在一个物体上的流入或流出。

传导是发生在彼此直接接触的物质之间的热传递，导体越好，传热越好。良导体有铝、铜、银、铁和钢；不良导体（绝缘体）有塑料、木头、纸和空气。在嵌入式系统中，各部分之间的接触材料很重要，这是为了有效地传递热量。对处理器来说，它可以是在底面，利用导热垫片与 PCB 接触，或者是在顶面，假设它能连接到散热器、导热垫，或是连接到设备的机械外壳。只要材料的热阻小于空气（这很容易做到），每一种方法都将允许热量通过材料传导至外界环境。

对流是由于热量传递引起的气体和液体的上下运动。当气体或液体被加热时，它的密度就会变小并向上浮升；当气体或液体冷却时，它会变得更致密且下沉。这些运动构成了可以让热量流动的对流气流，在嵌入式系统中，可以通过使空气或液体运动来促进对流。因为液体导热比空气好，所以液冷散热系统比风冷散热系统要好。但是由于成本和空间的要求，这通常不是嵌入式系统的选择。

热辐射就是电磁波在空间传播的过程，当这些电磁波接触到物体时，就会把热量传递给物体。

电子系统升温时有一定的升温速率，受热容量、系统的运行功率和效率等因素影响。系统升温以后，有一条受热容量、表面积、对流速度、环境温度、传导速率或其他影响的冷却曲线。

在这里软件如何提供帮助呢？有几个方法：

1）程序控制型散热装置，如风扇、叶片，或控制液冷系统流量的电动机。

2）在峰值功率点之后大幅降低功率。当系统正在冷却时，降低后续处理器请求的优先级，使处理器有时间去冷却。这种方法有时也称为愈合时间法。

总结

- 热传递三种方式，即传导、对流和辐射。
- 软件可以帮助传热，通过控制风扇、叶片，或是控制驱动电机热管理系统的电动机，假设存在一个电机热管理系统。
- 软件还可以通过增加峰值功耗与发热事件之间的持续时间来帮助传递热量，这有时被称为愈合时间法。

2.3.3 限定环境

嵌入式系统中热管理的第三种方法是限定环境。如果可以保证该设备只工作在固定的约束条件（如在冷却器内，或在加拿大而不是烤箱中）下，那么传热工作就会变得更容易。需要注意的是，如果环境温度很高，则在负载下集成电路上的结温差很小，因此热传递的速度也会很小。反之，如果环境温度较低，则结温与环境温度之间的差异较大，这样热传递的速度就会比较高。

对软件来说，这是最不可控的方法，除非软件控制着环境中的热系统。比如：

1）随着功耗增加，控制外部冷却元器件使环境温度降低，加快热量传递。

2）告诉用户存在过热风险，并要求用户协助控制环境，或停止使用设备一段时间。

软件热管理的前景是丰富且不断增长的。随着计算需求的增加，用软件管理热性能的需求也会增加，特别是一些在短时间内有大量计算需求的应用，比如多媒体嵌入式系统的应用。

总结

- 管理嵌入式系统热性能的第三种方法是限定环境。
- 嵌入式系统与环境之间的温差越大，热传递速度越快。
- 软件可以影响环境对嵌入式系统的热冲击，假设软件可以控制环境温度，或者指导用户去执行一个增加传热速度的任务（如打开风扇、降低环境温度，或停止使用设备一段时间）。

2.4 交叉路口

STM 实际上是热力学、电气工程学和软件工程学的三学科交叉领域，如图

2.16 所示[⊖]。

软件工程师在降低嵌入式系统的功耗方面发挥着重要的作用，但他们在大学里却并没有被要求学习热力学或复杂的功率管理电路设计。软件热管理领域的目标是鼓励软件工程师在嵌入式系统热性能的管理上发挥更积极和核心的作用。

总结

- STM 领域是热力学、电子工程学和软件工程学的交叉领域。
- 软件工程师在嵌入式系统的功耗中起着核心作用，因此应该鼓励软件工程师积极开发限制峰值热事件的框架和技术，在不牺牲关键用户场景的情况下降低系统的总功耗。

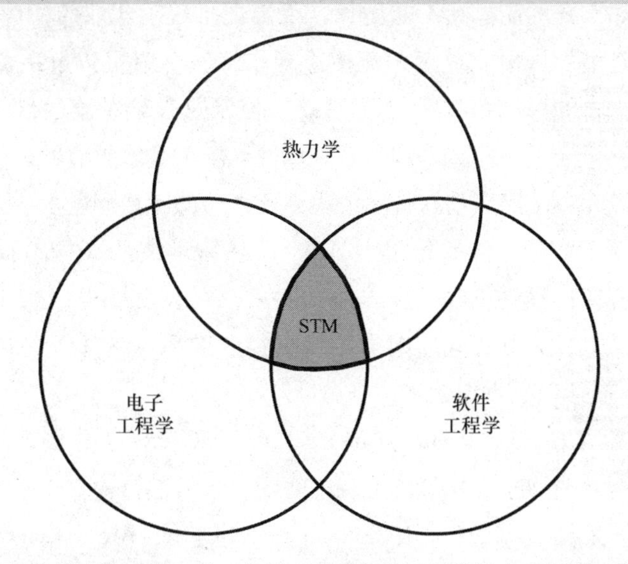

图 2.16 软件热管理处于热力学、电子工程和软件工程学的交叉领域。软件工程师在降低嵌入式系统的功耗方面有着重要作用，但他们在大学里并没有被要求学习热力学或复杂的功率管理电路设计。软件热管理的目标是鼓励软件工程师在嵌入式系统热性能的管理上发挥更积极和核心的作用

2.4.1 热力学

热力学是物理学的一个分支，它研究热与物质的其他特性（如压力和温度）之间的关系。

⊖ 软件热管理领域类似于软件电源管理的概念，不同的是它的范围更窄一些，并且侧重于系统的热性能，而不是广泛地考虑系统范围的功耗。

特别地，热力学关注的是热量如何传递，以及它是如何与热力学过程中物理系统内的能量转换有关的。这类过程导致工作由系统完成，并遵循热力学定律。

在热力学中，特别是与传热研究相关的领域，有着很多的材料、论文、会议、期刊、研究部门（如维拉诺瓦热管理实验室、斯坦福纳米热实验室等），以及一些有自己的物理与机械工程创新并强烈集中于如何有效并高效传热的公司。

例如，Springer 的《热科学学报》（余申主编）就有着以下任务：“《热科学学报》发表关于实验的、数值的和理论研究的高质量文章，洞察热与流体科学的主要领域。它出版流体力学、气动热力学、传热和传质、多相流、湍流建模、燃烧、工程热力学、物质的热物理性能、测量和可视化技术等领域的文稿。”

随着对传热方案的需求在不断增长，也出现了后续产业的相应发展。例如，对于对流，通过增加风扇或复杂的流体冷却系统通常就可以解决流动空气的问题。由于类似这样的对流和对流/传导系统，控制热管理系统运行的风扇或电动机会产生噪声。而通过一些技术和方法可以使风扇更平缓更有效地运行，甚至通过使用隔材料或者主动噪声消除技术解决由此产生的噪声问题。

对于一些军事应用，如果通过 DARPA 的热管理技术（Thermal Management Technologies，TMT）程序查看支持的项目列表，则会发现类似的主题。TMT 项目的全局目标是“探索和优化新纳米结构材料和应用于热管理系统的其他最新进展”，目前它包括以下重点领域：

（1）热地面（Thermal Groud Planes，TGP）　TGP 的工作侧重于采用两相冷却方式的高性能散热器来取代传统系统中的铜合金散热器。

（2）风冷交换器微技术（Microtechnologies for Air - Cooled Exchanges，MACE）　MACE 工作的目标是增强风冷换热器，通过减少散热器到环境之间的热阻，增加系统对流，提高散热器翅片的热导率，优化或重新设计散热器风机，并增加整个系统（散热器和风机）的性能参数。

（3）纳米热界面（Nanothermal Interfaces，NTI）　NTI 的工作主要集中在新型材料和结构上，这些材料和结构可以显著降低电子元器件背面与封装下一层之间热界面层的热阻，后者可能是散热片或散热器。ACM 将研究电子设备的主动冷却，利用热电制冷机、斯特林发动机等技术。

（4）近结热传输（Near Junction Thermal Transport，NJTT）　TMT 程序中 NJTT 工作的目标是通过改进近结区域的热管理，使 GaN 功率放大器的处理能力提高 3 倍或更多。

这些技术的关注点都与传热过程有关，而不在于减少热量来源。

此外，还有一些行业奖项颁发给在热管理领域做出贡献的人。每年，在“使世界技术变酷的热创新”（SEMI – THERM）会议上，都会给在热科学领域做出重大贡献的人颁发一个 THERMI 奖。这个会议以及类似会议上所强调和奖励的工作都与传热有关（如高性能 PC 的微流体冷却系统）。

对于嵌入式系统来说，传热很重要，而物理学家、材料科学家和化学家们所完成的工作也至关重要。电气工程师对传热研究的参与程度在于集成电路是如何被设计和工作的。然而，软件工程师通常不参与热传递或热力学的讨论，因为软件工程师通常不涉及物理材料、热电阻或电子元器件的设计。

为了让软件工程师参与嵌入式系统的热管理，让软件工程师了解热力学基本知识很重要。3.2 节将为软件工程师提供一份热力学概要。

总结

- 热力学指导着宇宙的基本行为，包括嵌入式系统的功率损耗过程。
- 热力学领域的研究主要集中在能量转移上，而软件工程师通常不要求学习这方面的课程。
- 软件工程师在热管理中起着至关重要的作用，但他们通常不在讨论范围内。现实中，软件工程师对嵌入式系统的热性能起着至关重要的作用，因为软件控制着计算量、功耗和产生的热量。

2.4.2　电子工程学

电子工程是一个致力于设计、开发、装配和测试电子设备的领域，例如电视、嵌入式计算机系统、发电机、微处理器和放大器等。大学的电子工程研究主要侧重于电磁学基础、电路、印制电路板布局和电子设备的制造过程。

功率效率与功率管理是一个活跃的研究领域，已经有一段时间了。关于这个重要话题有着许多资料，在嵌入式系统中有一门科学是为指定的设计选择合适的处理器。通常处理器的选择基于一些客观因素，如价格、外围设备的支持、物理封装、内存、体系架构系列和可用的软件工具。

对微控制器来说，供应商提供参数搜索是很常见的，它允许产品设计者缩小处理器选择的范围，以满足他们特定的产品设计需求。表 2.2 列出了选择微控制器的一些较常见的参数。

表 2.2 常见微处理器的选择参数。选择一个微处理器可能比较困难，但是，有了参数搜索的帮助，这个过程可以变得更容易。然而，即使使用参数搜索，选择一款处理器使之满足系统的热性能要求的方法也是相当主观的，并且在一开始选择电子元器件时就很难量化

参数	描述
架构	ARM，Atmel AVP，Microchip PIC，TI MSP430 等
价格	与单位采购数量成反比
封装类型	定义了如何将封装器件安装到电路板上
CPU 速率	与功耗成二次方关系
内存	易失性存储
闪存	非易失性存储
EEPROM	另一种可擦写的非易失性存储
电压调节范围	处理器能处理的最小和最大电压
温度范围	超出此范围将导致出错
I/O 针脚	可用的输入和输出针脚
计时器	用于设置和测量基于时间的事件
模数转换器串口	将模拟信号转换成数字信号
解码器	在硬件中将数据流转换或过滤的算法
数 - 模转换器模组	将数字信号转换成模拟信号
DMA 串口	不中断 CPU 情况下允许独立的内存访问
RTC	实时时钟
12C	多机串行总线，用于低速外设接口
12S	串行总线接口，用于连接数字音频设备
IrDA	支持红外通信协议
PWM 输出	调节脉冲宽度，以占空比输出
SPI	串行接口，用于与外部设备的双向通信
UART	串口，一个或多个
USB	用于设备和/或主机模式的通用串行总线

选择处理器并不总是一项简单的任务，但是在供应商特定的参数搜索和应用注释的帮助下，可以以一种推断演绎和确定性的方式去完成。

另一方面，选择一个能满足热和功率目标的元器件可能是很棘手的。小的 4bit 和 8bit 微控制器的功耗和热行为相对简单，但对于需要同时处理视频和音频的先进的 32bit 微控制器，其功能可能很强大，其功耗和热行为却难以推断和模拟。

伴随这样一个处理器的数据表可能是多达数百至数千页的信息关于如何在指定设计中为该处理器供电、配置和管理。例如，TI OMAP4470 的技术参考手册就有 5000 多页。在处理器内部有这么多的配置级别和信息，几乎不可能以很高的确定性去定量地决定某个特定的处理器是否满足系统的热需求。

如果热性能对于一个特定的设计来说是一个重要问题，那么在选择处理器时需要考虑以下几个关键问题：

1）处理器在空闲状态下最低能跑（功率拉低）到多少？实现这个目标需要多少工作？

2）当处理器处于高负载，如解码视频流时，这种情况如何变化？

3）处理器在特定的使用周期，如关机、空闲、运行、编解码音/视频的过程中会产生多少热量？

4）如果处理器过热，是否可以关闭或调低？如果太热，它会自动关闭吗？可以在低模式下运行一段时间直到它冷却下来吗？

这些问题在项目开始时很难回答，这就是为什么软件热管理应该被视为一门艺术和科学。

半导体供应商，如德州仪器、飞思卡尔、英特尔、AMD、英伟达和高通等在软件电源管理、功率调节以及热设计考虑方面提供了丰富的思想指导。这是由于这些半导体供应商制造的处理器都非常适合高性能嵌入式系统的需要。在用户观看视频、流媒体、听音频，或处理实时数据流时系统需要全速运行，但在空闲状态时系统需要进入低功耗模式，以节省宝贵的电池电量（和热输出）。

总结

- 在设计电子系统以满足热性能要求方面，电气工程师发挥着重要作用。
- 当热性能很重要时，选择处理器就是一项困难的任务。在项目早期阶段，很难对热性能进行量化模拟和预测，以便能非常准确地知道某个特定的处理器是正好合适的处理器。
- 围绕处理器选择的电路设计对热性能也有很大影响。通过设计可以使系统中关键电路的功率门控技术有多种选择，通过对电路板（以及附随的导热垫、过孔、和PCB叠层）进行布线设计可以使热量有效地传递，从而使软件工程师能够控制终端系统的整体热性能。

2.4.3　软件工程学

软件工程这个术语直到20世纪50年代末才出现。这是一个相对较新的专业，它关注的是将计算组织起来，使之成为有意义的工作，促进用户交互。

与物理学相比，软件工程领域还处于初级阶段，用于创建复杂软件系统的流程和技术是多种多样，而且通俗易懂的。

软件工程师开发软件来解决问题，并希望以一种可靠、高效、可维护、安全有保障、可用、快速，且满足系统所有需求的方式来解决问题。

这通常需要做出一些权衡，比如功率和性能哪个更重要。在嵌入式系统中，软件工程师有责任确保他们的代码紧凑，适合已有的代码存储器，并且节能，因为嵌入式系统中所使用的微处理器远不如桌面处理器那样强劲或能干，还通常含有须谨慎使用的电源电池。

在软件热管理领域，硬件特性对系统的功率和热管理能力至关重要。然而，如果没有软件算法的辅助和控制，那么整个系统将无法工作，也无法满足其热与功耗的目标。

软件的作用是根据系统需要以及用户需求，在正确的时间以正确的方式编排硬件，以保证安全或防范风险，如图 2. 17 所示。

在软件工程领域，功率管理是一个备受关注的重要课题。然而，关注点通常在话题更广泛的系统级功率管理上，以节省电池电量，节约能源成本，或减少环境影响。

然而，软件热管理领域的重点是话题较窄的热性能，旨在减少峰值热冲击的时刻，避免引起不必要的热疲劳，降低失效风险。关注热性能也是功率管理的一部分。为了做好这项工作，软件工程师必须具备一些硬件设计和热力学的知识。这些主题将在接下来的一章中讨论。

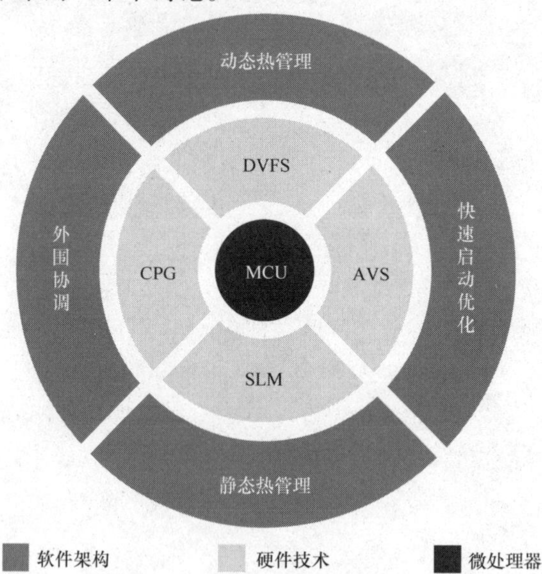

图 2. 17　软件在热管理结构体系中有着特殊的地位。从处理器开始，由硬件支持产品特征，再由软件来决定如何或何时进行低功耗模式切换。图的中心是微控制单元（Microcontroller Unit，MCU），硬件支持的功率和热特征包括动态电压频率调节（Dynamic Voltage and Frequency Scaling，DVFS）、自适应电压调节（Adaptive Voltage Scaling，AVS）、静态泄露管理（Static Leakage Management，SLM），以及时钟和功率门控（Clock and Power Gating，CPG）特性

总结

- 与经典热力学相比，软件工程是一个新的领域。在软件开发过程、模式、代码重构技术和架构风格上，品类繁多。
- 软件热管理领域是热力学、电子工程和软件工程的交叉领域。
- 随着处理器和其他硬件变得越来越复杂，在嵌入式系统中进行高计算的潜力也在增加。这取决于软件工程师如何协调硬件资源，尽可能以最低功率的方式满足系统使用场景。
- 软件工程师要成为软件热管理领域的专家，必须具备硬件设计和热力学的基本工作知识。

参考文献

1. Allen, B.: Information Tasks: Toward a User-Centered Approach to Information Systems. Academic Press Inc, Orlando (1996)
2. Kuniavsky, M.: Observing the User Experience: A Practitioners Guide to User Research. Morgan Kaufmann, Burlington (2003)
3. Blom, J., Chipchase, J., Lehikoinen, J.: Contextual and cultural challenges for user mobility research. Commun. ACM. **48**, 37–41 (2005)
4. Kumar, V., Whitney, P.: Faster, cheaper, deeper user research. Des. Manag. J. (Former Series). **14**, 50–57 (2003)
5. Brittain, J.M.: Pitfalls of user research, and some neglected areas. Soc. Sci. Info. Stud. **2**, 139–148 (1982)
6. Cooper, A., Reimann, R., Cronin, D., Cooper, A.: About Face 3: The Essentials of Interaction Design. Wiley Pub, Indianapolis (2007)
7. Norman, D.A.: The Design of Everyday Things. Basic Books, New York (2002)
8. Krug, S.: Dont Make me Think!: A Common Sense Approach to Web Usability. New Riders Pub, Berkeley (2006)
9. Goodwin, K.: Designing for the Digital Age: How to Create Human-Centered Products and Services. Wiley Pub, Indianapolis (2009)
10. Cooper, A.: The Inmates are Running the Asylum. Sams, Indianapolis (2004)
11. Saffer, D.: Designing for Interaction: Creating Innovative Applications and Devices. New Riders; Pearson Education [distributor], Berkeley (2010)
12. Bowles, J.B.: A survey of reliability-prediction procedures for microelectronic devices. IEEE Trans. Reliab. **41**, 212 (1992)
13. Marchionini, G.: Information Seeking in Electronic Environments. Cambridge University Press, Cambridge (1997)
14. Ohring, M.: Reliability and Failure of Electronic Materials and Devices. Academic Press, Boston (1998)
15. Grimm, R., Anderson, T., Bershad, B., Wetherall, D.: A system architecture for pervasive computing. Proceedings of the 9th Workshop on ACM SIGOPS European Workshop: Beyond the PC: New Challenges for the Operating System, pp. 177–182. ACM, New York (2000)
16. Klauk, H., Zschieschang, U., Pflaum, J., Halik, M.: Ultralow-power organic complementary circuits. Nature **445**, 745–748 (2007)
17. Von Kaenel, V.R., Pardoen, M.D., Dijkstra, E., Vittoz, E.A.: Automatic adjustment of threshold and supply voltages for minimum power consumption in CMOS digital circuits. IEEE Symposium on Low Power Electronics 1994. Digest of Technical Papers, pp. 7879 (1994)

18. Soeleman, H., Roy, K.: Ultra-low power digital subthreshold logic circuits. Proceedings of the 1999 International Symposium on Low Power Electronics and Design, pp. 94–96. ACM, New York (1999)
19. Hemani, A., Meincke, T., Kumar, S., Postula, A., Olsson, T., Nilsson, P., Oberg, J., Ellervee, P., Lundqvist, D.: Lowering power consumption in clock by using globally asynchronous locally synchronous design style. Proceedings of the 36th ACM/IEEE Conference on Design automation 1999, pp. 873–878 (1999)
20. Kim, N.S., Austin, T., Baauw, D., Mudge, T., Flautner, K., Hu, J.S., Irwin, M.J., Kandemir, M., Narayanan, V.: Leakage current: Moores law meets static power. Computer **36**, 68–75 (2003)
21. Erickson, R.W., Maksimovic, D.: Fundamentals of Power Electronics. Springer, Netherlands (2001)
22. Girard, P., Landrault, C., Pravossoudovitch, S., Severac, D.: Reduction of power consumption during test application by test vector ordering [VLSI circuits]. Electron. Lett. **33**, 1752–1754 (1997)
23. Kocher, P., Jaffe, J., Jun, B.: Differential power analysis. In: Wiener, M. (ed.) Advances in Cryptology CRYPTO 99. pp. 388–397. Springer, Berlin (1999)
24. Maksimovic, D., Zane, R., Erickson, R.: Impact of digital control in power electronics. Proceedings of The 16th International Symposium on Power Semiconductor Devices and ICs, 2004 (ISPSD 04), pp. 13–22 (2004)
25. Ye, T.T., Benini, L., De Micheli, G.: Analysis of power consumption on switch fabrics in network routers. Proceedings of the 39th Design Automation Conference 2002, pp. 524–529 (2002)
26. Hicks, P., Walnock, M., Owens, R.M.: Analysis of power consumption in memory hierarchies. Proceedings of the 1997 International Symposium on Low Power Electronics and Design, pp. 239–242. ACM, New York (1997)
27. Piguet, C.: Low-Power Electronics Design. CRC Press, Boca Raton (2004)
28. Moore, G. E.: Cramming more components onto integrated circuits. Electronics **38** (8) (1965)
29. Sutter, H.: The free lunch is over: a fundamental turn towards concurrency in software. Dr. Dobb's J. **30**(3) (2005)
30. I.T.: IEC 60134 Ed. 1.0 b:1961, Rating systems for electronic tubes and valves and analogous semiconductor devices. Multiple. Distributed through American National Standards Institute (2007)
31. Kaxiras, S., Martonosi, M.: Computer Architecture Techniques for Power-efficiency. Morgan & Claypool Publishers, Seattle (2008)
32. Rabaey, J.M.: Low Power Design Essentials. Springer, New York (2009)

第 3 章
根源：巨人的基石

我们将不停探索，而一切探索的尽头是回到我们出发的地方，并重新认识它。

——T. S. 艾略特

本章描述了软件热管理领域，包括它的历史（即起源于热力学、电子工程和软件工程），存在的原因，需要解决的关键问题，以及常见的解决方案和方法。

3.1 计算

计算已经在很多方面改变了世界。它为人们联系、设计、研究、游戏、创作和表达自己开辟了奇妙的新途径。此外，它使我们能够更有效地相互沟通、教育孩子、监测交通流量、预测天气、控制工业设备和创造更好的医疗设备，如植入式除颤器等。

通过软件热管理，已经详细讨论了如何减少功率和管理热输出，但有一个无可争辩的事实是：计算是重要且有用的。那么我们的目标应该是什么呢？在软件热管理的背景下，计算是必须的，但也是热问题的主要贡献者。为了执行有用的工作，必须进行计算。因此，软件热管理的目标是满足系统的功能和非功能性需求，同时尽可能地减少功耗和热输出。

总结

- 计算对进行有用的工作是必要的，但它也是导致热问题的主要原因。
- 软件热管理的目标是满足系统要求的同时，尽可能地减少功率和热量。

3.2 热力学

热力学往往是机械工程师、电子工程师、土木工程师和化学工程师的必修课。通常并不要求软件工程师来学习这方面的课程。因为这是一本有关软件工程师热管理的书，所以需要一些入门知识。下面就是面向软件工程师的热力学概述。

关于热力学，首先要理解的是热总是自发地由高温向低温流动，无一例外。要理解这个概念，试想一下两个底部相连的圆筒，如图 3.1 所示。液位较高的圆筒中的流体将向液位较低的圆筒流动，以达到液压平衡。

热也是如此，热量从高温区向低温区流动，以达到图 3.2 所示的热平衡。

有四条热力学定律，从根本上描述了热的行为。

热力学第零定律（又叫热平衡定律）指出，如果两个系统分别与第三个系统处于热平衡，那么这两个系统相互之间也处于热平衡。

热力学第零定律表示，在相同温度的物体之间没有热流。事实上，第零定律只是对温度的定义，要使热量流动，必须有温差。温差越大，热量流动越快，直至达到热平衡，即两个物体的温度相等为止，如图 3.3 所示。

第零定律所描述的效应使温度计变得有用。假设把室温计伸入沸水中，热量

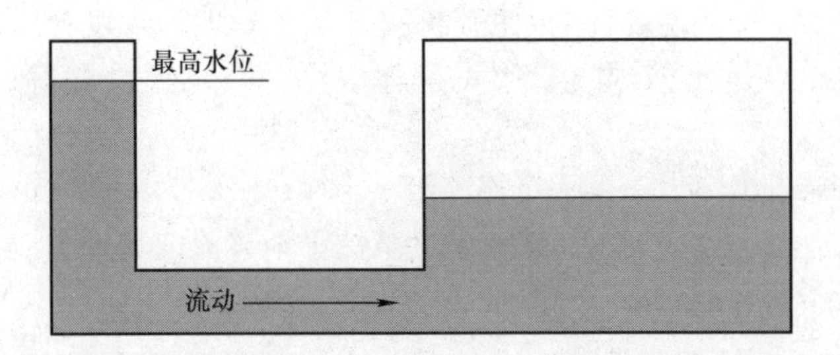

图 3.1　两个圆筒内的流体输送。为了说明热量的传递方式是从高温流向低温，将两个圆筒中的流体比作热量，流体从液位最高的圆筒流向液位最低的圆筒，直至达到平衡，热也是如此，热量会向温度较冷的区域流动以达到热平衡

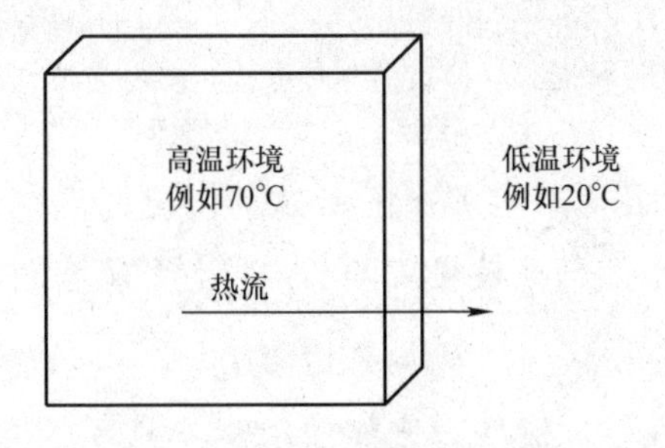

图 3.2　热总是朝着温度降低的方向流动，无例外。即便是在冰箱中，冰箱内低温的实现是由于一套巧妙的系统将热量从冰箱内转移到了冰箱外，即便是在冰箱制冷的整个过程中，它仍然是在热量由热向冷流动的前提下工作的

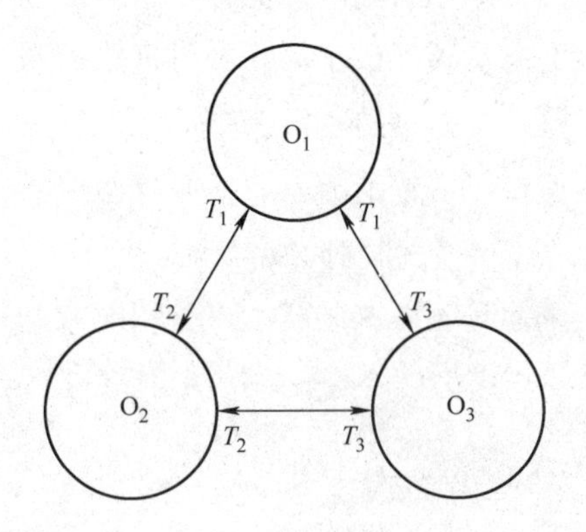

图 3.3　热力学第零定律指出，如果两个系统分别都与第三个系统处于热平衡，那它们彼此也处于热平衡。图中，如果 $\Delta(T_1-T_2)=\Delta(T_1-T_3)$，则 O_2 与 O_3 处于热平衡

将从沸水流入温度计，直到它们温度相同。当它们达到相同温度时，热量就停止

在它们之间流动，所以温度计的温度就停止上升。这时，温度计所显示出的它自己的温度，同样也是水的温度。第零定律表明，一旦温度相等，热量就停止流动。

由此可以描述出热力学第一定律，第一定律也被称为能量守恒定律，它说热量既不会被创造也不会被消灭，热量只会从一个地方流向另一个地方或者改变它的形式，如图 3.4 所示。

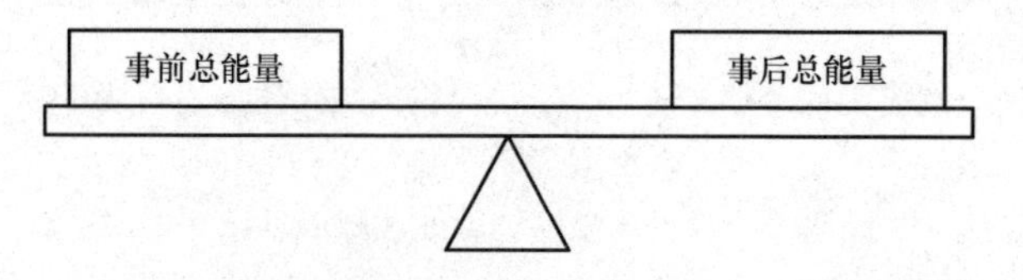

图 3.4　热力学第一定律指出，一个孤立系统的总能量是不变的；能量可以从一种形式转换成另一种形式，但不会被创造或者消灭

热力学第一定律（又叫能量守恒定律）指出，孤立系统的总能量是恒定的；能量可以从一种形式转换成另一种形式，但不能被创造或消灭。

热通常以动能的形式储存在固体或化学物质中，可以把热看作只是即将发生的功。储存的能量可以用来做功，比如把水烧开或者产生蒸汽，进而驱动涡轮机。或者，这些能量被“浪费”到大气中，导致热量是无序分散的（不是集中在单一地方的）。熵是能量有序化程度的度量，能量越无序，熵值越高。

以蜡烛为例，未点燃的蜡烛将化学能储存在蜡中，当蜡烛被点燃时，它并没有制造热，而是将储存的能量转换成了另一种可逃逸的形式（热）。

在这个过程中，热既没有被创造也没有被消灭，它只是从一个高温区域转移到了一个低温区域。这使得热区更清凉，而冷区更温暖。因此第一定律说，虽然热会转换或改变形式，但它不会被创造或消灭。宇宙中所拥有的总能量（这个量非常大）保持恒定，而且还在不断地扩散，变得越来越无序。

热力学第二定律指出，弧立系统的熵从不减少，因为弧立系统会自发地向热力学平衡状态（即最大熵状态）演进。

热力学第二定律说，在一个与外界环境没有任何热量交换的封闭系统中，熵一直在增加。熵是一个给定系统的无序度或随机度。第二定律说，封闭系统中的熵是一直增加的。由于宇宙是一个封闭的系统，故它总是趋向于更高的熵，如图 3.5 所示。

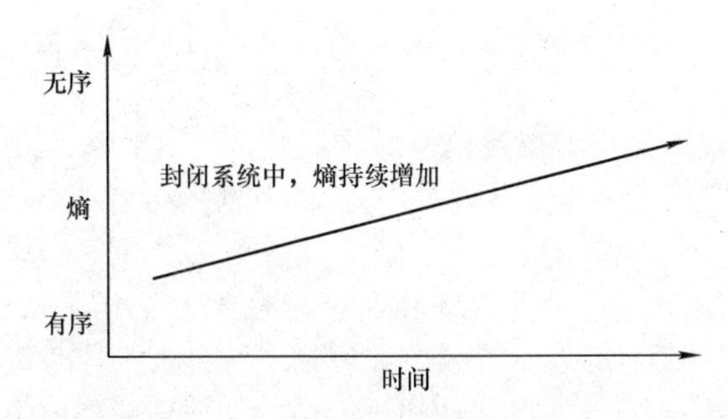

图 3.5　热力学第二定律指出，一个孤立系统的熵从不减少，因为孤立系统会自发地向热力学平衡状态（即最大熵状态）发展

要理解这个定律，必须理解熵。熵是热分布的均匀化程序的量化指标，热分布越广、越均匀，熵越大。封闭系统的熵总是在增加的。因为熵的特性，热量总是从高温流向低温。回到蜡烛的类比问题上，在点燃蜡烛以前，熵是 X，点燃蜡烛以后，熵大于 X。

一个开放系统（如冰箱）的熵，只在能量被外部资源接收时才会降低（变得更冷）。然而，即便是在这种情况下，这个开放系统和外部系统的熵之和也仍在增加。这样，整个系统的熵（开放系统 + 外部系统）就形成了一个更大的封闭系统。在这个更大的封闭系统中，熵依然在增加，第二定律成立。

热力学第三定律认为，完美晶体在绝对零度时的熵等于零。

热力学第三定律是基于这样一个事实：绝对零度被认为是任何系统的温度下限。第三定律认为，在有限的步骤内永远不可能达到绝对零度（0K，约为 −273.15℃）。换句话说，可以接近绝对零度，但是不可能真正达到。如果想要达到这个温度，那么所有的分子活动都将停止，热量也不再传递。

基本上，在 0K 时，所有运动都会停止。因为温度是分子运动的度量，所以温度不能低于绝对零度。当温度接近绝对零度时，系统的熵趋于恒定最小值。这一定律为熵的测量提供了一个绝对参考点。

热力学的四个定律可以归纳如下：

1）第零定律说热平衡是有传递性的；
2）第一定律说热量不能被创造或消灭；
3）第二定律说热总是从高温向低温流动；
4）第三定律说熵止于绝对零度。

软件工程师可以从中得出以下重要结论：

1）当电子系统消耗功率（能量）时，在它们耗尽能量的过程中，有一部分能量转化成了热（能量的另一种形式）。这是一个自然过程，无法被阻止，相反，我们应该努力成为功率的好管家，这样才能从计算中受益，减少可能会发生的温度不良事件。

2）热量总是由高温向低温流动。因此，只要环境空气温度比电子器件温度低（这几乎永远成立），电子器件所产生的热量就会流向温度更低的环境空气中。

3）在电子系统中，机械工程师和电子工程师的工作是提供更好的传热路径，使热量能够快速有效地传递至外界。软件工程师的工作是尽可能地减少热量产生，使得从系统中转移热量的过程更加容易，从而达到不发生热疲劳或损坏电子元器件的程度。

总结

- 热力学是对热行为的研究。
- 热总是从高温向低温转移，没有例外。
- 热从来不会被创造或消灭。
- 热力学定律提供了表征热的基本性质的形式体系。
- 通过理解热力学定律，软件工程师可以更有效地参与嵌入式系统的热性能管理。

3.3 电子学

对许多使用场景来说，处理器都能够在不使用复杂（且昂贵）的冷却系统如散热片、风扇或液体冷却系统的情况下进行散热。然而，在高性能或极端环境下，处理器会超过其绝对最大温度范围（Absolute Maximum Rating，AMR）而过热。根据系统设计、所使用的处理器和应用场景的要求，可以通过系统设计中所采用的软件热管理来避免这个问题。

电子工程师与热有关的工作，是确保设计中的每个元器件都工作在其允许工作温度范围内。不能使温度维持在指定的范围内，会降低部件的寿命、可靠性和/或性能，更不必说由于高峰温度而可能导致的非可逆性损坏。

因此，产品设计周期应包含热分析，以验证设计中元器件的工作温度在其功能范围内。

对于电子元器件，有几个关键的定义值得重视。表3.1是一份电子元器件的热定义清单。

为了减少发热水平，既要降低能量输入到系统的速度（降低功耗），又要通过传导、对流或辐射来提高系统向外界热传递的速度。

表 3.1　电子学领域中的热定义。这些短语和术语通常用于描述电子元器件的关键元素和属性

参数	描　述
核心温度	封装芯片内部温度，参考实物硅片上 PN 结的核心温度
表面温度	器件上表面温度
环境温度	系统外部的环境温度
板温	靠近封装芯片的印制电路板（PCB）温度
允许的工作范围	在器件全寿命时期，给定性能下正常工作的温度范围，超出范围后，性能和可靠性将受到影响
绝对最大范围	设备在不可逆损坏的情况下的工作范围，超出该范围工作，设备的性能、可靠性和功能都将下降或损坏

对于处理器，通常会定义一条温度曲线来描述处理器的外壳温度与其功耗之间的关系，如图 3.6 所示。

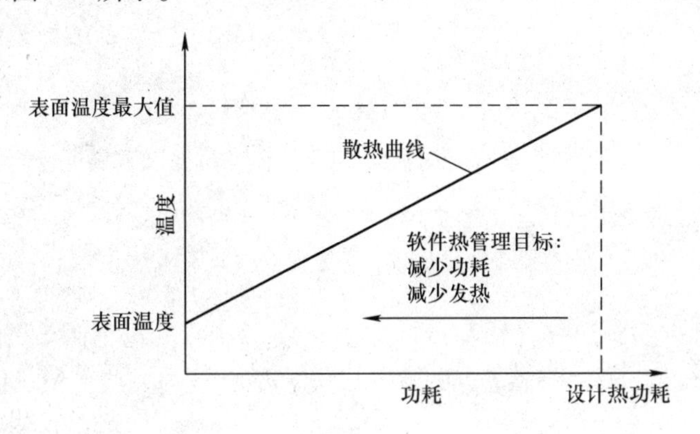

图 3.6　微处理器的温度曲线示例。软件热管理的目标有两方面，即降低功耗和减少热量。从温度曲线上可以看到，如果先降低功率，则必然会减少热量，热设计功率（Thermal Design Profile，TDP）显示了处理器功率最大时的最坏的情况。通过 TDP，可以计算出需要从系统中移除的最大热量。如果不能足够快地传热，则应考虑更先进的传导、对流和辐射方法，以便更快速地将热量从系统中移除

根据热力学第二定律，热量总是由高温传递到低温。这一原理可应用于非均温系统中的任意两点（如结温到壳温，壳温到环境）。热传递有三种机制，即辐射、传导和对流。

辐射是最简单也最低效的热传递方式。一个适当放置的集成电路（IC）会

自然地向环境辐射热量（假设环境温度低于IC温度），直至获得热平衡。

传导不同于辐射，它利用互连对象（散热片、导热材料等）将热量从IC传导出去。传导是最快速有效地传递热量的机制。

对流通过空气或流体的运动来消除热量。通常由风扇或流体系统来提供，对流可以有效地将暖空气从封闭空间移动到外部环境中。

处理器热传递的速度受所用材料、气流、外壳尺寸以及设备内外温差的影响。这些特性决定了系统通过确保热量传出系统的速度大于热量传入系统的速度来管理热问题的能力㊀。

热分析的基本原理与电域基本原理相似，这点在考虑热传导时尤为明显，如图3.7所示。

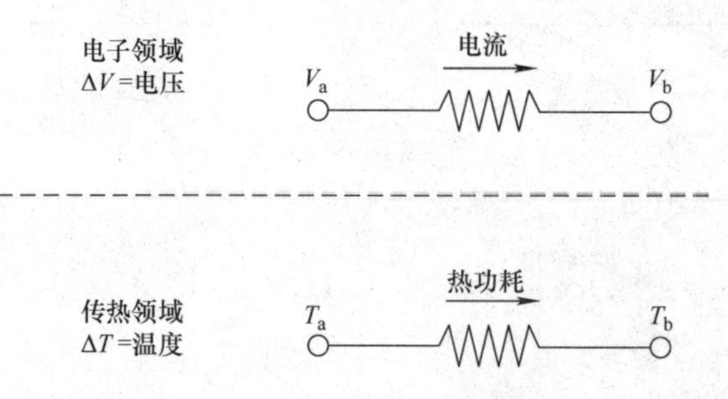

图3.7　电域与热域。在这两个域中，都有一个跨接变量和一个贯通变量，电域中的许多方程也可以被用在热域中

每个域都有一个跨接变量和一个贯通变量，如图3.7所示。贯通变量可以看作是从一个节点流向另一个节点的参数。电流是电域的贯通变量，而功率是热域的贯通变量。

跨接变量可以被认为是促使电流或热量流动的变量。在这两个域中，两点之间都存在着势差。在热域中，跨接变量是温度，而在电域中，跨接变量是电压。此外，两个域都有一个阻抗，可以阻碍贯通变量的流动。

在热设计建模中，一个常见的练习是创建系统的热原理图，通过对热阻使用简单的“小”“中”“大”的注释，以及通过确定哪些区域是难以或易于控制的。图3.8所示为一个粗略的热原理图示例。

热成像摄像机可以帮助显示设计中的温度梯度和热量富集区。图3.9所示为使用美国德州仪器DM3730拍摄的Logic PD鱼雷的热成像图例。

近年来，微控制器市场出现了以下趋势，给已经存在的热问题增加了更多的复杂性：

㊀ 这意味着即使在非常低的功耗下，如果系统不能有效地传递热量，处理器也可能会遇到热问题。

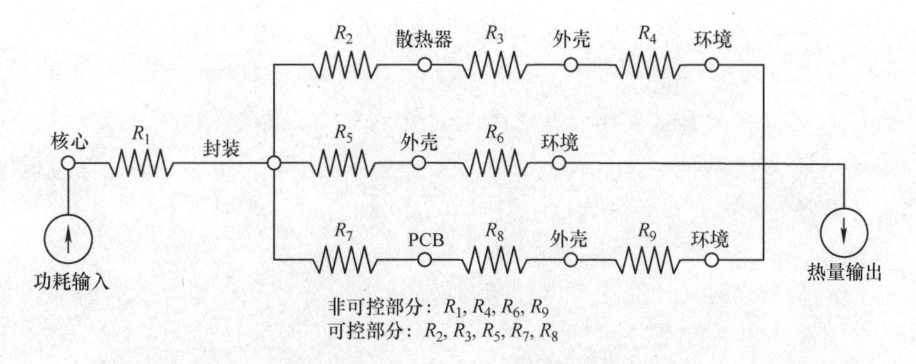

图 3.8　粗略热示意图。在该示意图中，用一种过程方法来列举小、中、大的热阻以及最能够控制的区域。类似这样的热路图可以帮助我们确定时间应该花在系统中的什么地方以减少热阻并增加热量流动

图 3.9　Logic PD 鱼雷模块的热像图，其中包括一颗德州仪器的 DM3730。热像图突出显示了热量最多的区域和温度梯度所在的位置，像这样的热像图对于确定热管理工作的重点和解决功率管理问题通常是很有用的（图片由 Logic PD 提供）

1）减小封装尺寸（更小的热质）；

2）减小芯片尺寸（更小的热质）；

3）提高计算复杂度（更大的功率）；

4）更快的时钟（功率增加）。

由于动态功率是电容、频率和电压二次方的非线性函数，所以使用的功率越少，产生的热量就越少，而且是指数级的，参见式（2.1）。3.4 节将解释软件热管理背景下的动态调整概念，以及它为什么如此重要。

总结

• 在电子技术领域，功率是热量这个副产品产生的必要因素。

• 在嵌入式系统中有多个热参考点，从处理器开始，到处理器外部，再到嵌入式设备的外壳，最后到外部空气环境。

• 根据热力学定律，可以知道热总是从热向冷流动。

• 处理器封装尺寸的减少以及计算复杂度和计算能力的增加，为嵌入式系统带来了额外的热问题。

• 为了尽量减少热输出，电子工程师应普遍使用动态电压频率调节（Dynamic Voltage and Frequency Scaling，DVFS）技术。

3.4 动态调整

现在回到动态功率定律（见图 2.7 和式（2.1））。该定律说，当频率增加（更多的计算周期）时，所需的功率是指数相关的。除了为多核化提供一个额外的证明点（见 2.2.4 节），它还告知我们从软件的角度去处理这条曲线。

动态功率定律不是软件工程师可以改变的事情。然而，通过让系统休眠，或通过降低 CPU 的频率工作点，可以减少处理器运行时所需要的功率，并随着时间推移对设备的总功耗（和耗散热）产生巨大的影响。

而且，正如在 3.3 节中看到的，嵌入式系统增加了一些复合的并发症，因为嵌入式系统体积小，又通常被密封在壳体中，而且为了满足消费者、工业和医疗行业日益增长的需求，它们正在以更快的时钟和更高的计算复杂度构建。

总结

• 动态功率定律描述了功率、频率和电压之间的基本关系。

• 为了管理嵌入式系统的热性能，需要使用先进的软件技术来遍历动态功率曲线。

3.4.1 热与功率的关系

关于热与功率的关系，理解它们是相关却又不同的，这点很重要。当功率被消耗时，热随即响应。当一个进程进入休眠模式时，功率可以很快被切断。然而，电子产品温度的改变却很缓慢，因此会产生滞后效应。

为了演示，下面的测试是通过运行在 600MHz 的 TI DM330 处理器，进行一次运算重载测试（即在 ARM 核上负载 100%）。图 3.10 所示为在处理器外壳顶部测得的温度。随着功率增加，温度也缓慢上升。测试完成后，处理器重新进入休眠状态，这时可以看到温度下降了，但时间点滞后于断电时间。

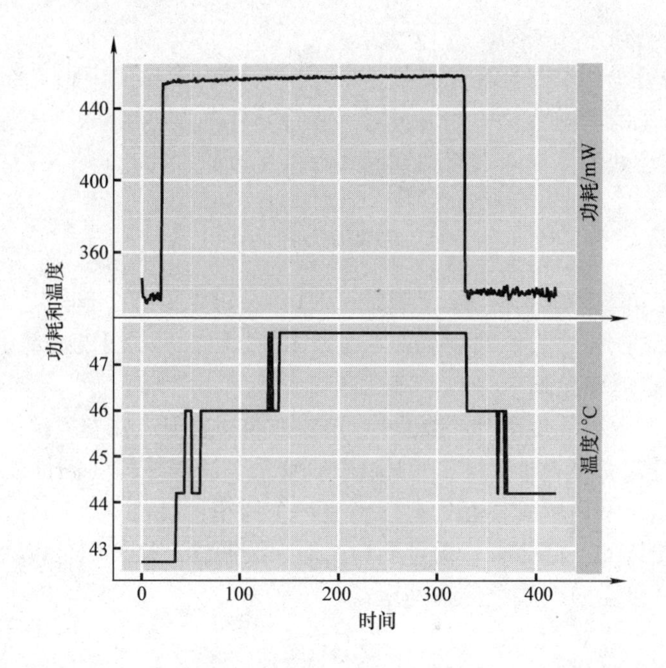

图 3. 10　电子电路中功率与热量的关系。在这个测试中，一个运行在 600MHz 的 TI DM3730 处理器正在进行一个运算重载测试（ARM 核上负载 100%），温度测量点在处理器外壳的顶部。随着功率增加，温度也缓慢地随之上升。测试完成后处理器重新进入休眠状态，温度下降，但滞后于功率降低的时间

功率与热行为是相关的，但并不完全一致。根据图 3. 10 的结果，可以得出一些结论：

1）功率和热是相关的；

2）在时间域上，热滞后于功率；

3）如果延迟并批处理执行任务，让电路有时间去冷却，则可以从中受益；

4）如果尽可能少花费时间在处理模式的切换（比如处理器从休眠到运行，运行到休眠，休眠到空闲）上，则可以从中受益。

对于特定的处理器，动态功率曲线的某些方面是固定的（电容），而有些方面是可变的（电压、频率）。然而，电压和频率之间的关系在任何 CMOS 电路中都是成立的。因此，软件工程师的任务是学习如何遍历曲线、调试曲线，并寻求替代曲线。这些在随后章节中将分别描述。

总结

- 功率与热是相关的。
- 热滞后于功率，且变化缓慢。
- 在可能的情况下，可以通过延迟和批处理减少热量。
- 通过让处理器在低功耗睡眠模式保持尽可能多的时间，可以减少热量。

3.4.2 遍历曲线

根据动态功率定律（见图2.7和式（2.1）），可以得到一条特定处理器的工作曲线。软件工程师必须学会理解和遍历这条曲线，将功率尽可能地最小化。

3.4.2.1 动态功率象限

如图3.11所示，功率/性能图可以划分为四个象限。在左下象限有轻量级进程处理（低功率，低性能），在右上象限有重量级进程处理（高性能，高功率）。左上方的象限是不可取的，除非正在创造一个烤箱（低性能，高功率）。诀窍不仅是要住进曲线的一部分中，而且要自由地缩放曲线，这样就可以在需要时提供大计算量，在可能时缩放至低功率模式。

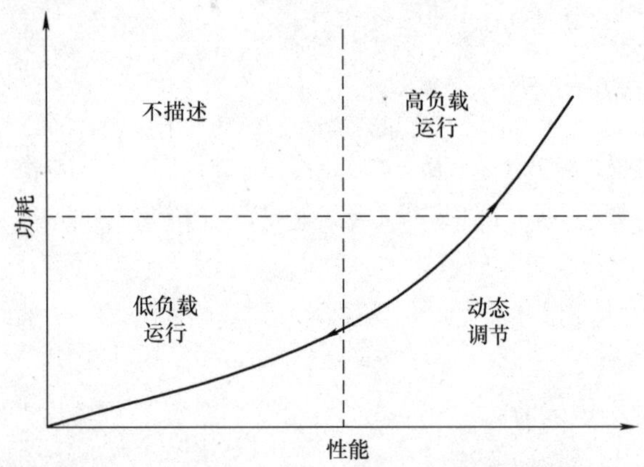

图3.11 动态功率的象限。与动态功率定律有关的功率/性能域象限可以帮助我们明确哪些象限更重要。软件热管理的关键是快速有效地遍历动态功率曲线

总结

- 动态功率定律可分为4个象限，有的象限比其他象限更适合某些任务。
- 在软件热管理领域，遍历动态功率曲线对于一个特定的设计来说，是降低功耗、减少或最小化有害峰值热事件的关键。

3.4.2.2　功率状态

现代SoC的能力支持将处理器置于多个功率状态，这使得我们能够在曲线上精确地找到在挂起（暂停）状态可以跳转的离散点，以及运行状态下的各种性能点，如图3.12所示。

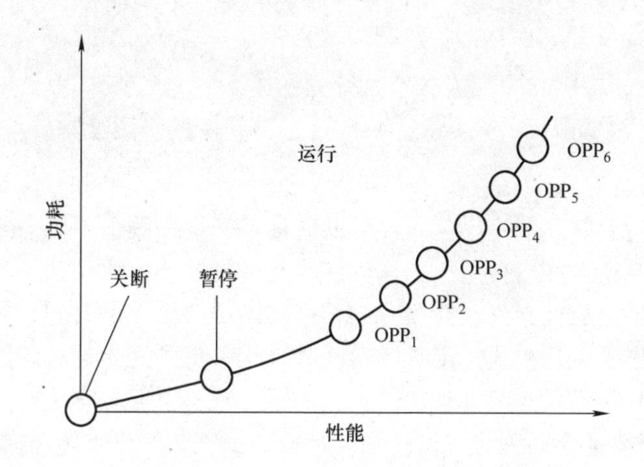

图3.12　片上处理器（SoC）的功率状态。每个工作性能点（Operating Performance Point，OPP）都被定义为 $OPP_y = \{f_{performance}, V_{power}\}$，它们是动态功率曲线上处理器可以反复移动的离散步骤的唯一标识。为了最大限度地提高软件的热管理效率，软件（和底层系统）必须能够自由快速地在这些功率状态之间来回切换

通过提供类似这样功耗状态的SoC，处理器就提供了定义工作性能点的框架，而软件开发人员必须提供工作点定义（频率-电压对），以及协调外围设备进出低功耗挂起（暂停）模式时的设备驱动。

正如稍后将看到的，动态电压频率调节（DVFS）引擎提供了在工作点之间安全切换所需的排序（降低频率然后降低电压，升高电压然后增加频率，所有这些都在安全定义的速率切换），这样就不会违反处理器的操作规则。

对于设备驱动程序的协调，重要的是要记住，仅仅因为处理器被置于挂起模式并不意味着连接到处理器的所有外围设备也将干净利落地进入挂起模式。软件工程师的工作是与电子工程师团队一起合作，了解如何在不需要时让每个外围设备进入休眠状态，并同样地在需要时将它唤醒。

总结

• 功率状态是动态功率曲线上的离散步骤，它定义了系统可能会切换到的工作点。

• 软件的工作是根据使用场景和当前对系统的计算需求，将系统切换至一个适当的功率模式。

• 协调驱动程序和外围设备也是软件的工作，为了实现这一点，软件可以使用操作系统（Operating System，OS）设备驱动框架，假设其可用。

3.4.2.3　唤醒时间

遍历动态功率曲线的一个值得注意的方面是，在曲线上不同点之间切换所花费的时间并不一致。在运行时，工作性能点之间的切换非常快速，并不需要花费很多时间。但是，从挂起到运行模式的切换可能需要更长的时间，因为每个外设都需要唤醒并进入运行模式。最长的时间就是从关机到完全运行，因为完成这个过渡所花费的时间不只是给处理器的上电时间，还有从启动软件（或操作系统，如 Linux）到进入完全运行状态所用的时间。这种关系性质如图 3.13 和表 3.2 所示。

唤醒时间是可调整的，特别是从关机到运行，但有关调整的具体细节是不同的，这取决于软件应用程序的细节以及使用的操作系统（假设存在）。

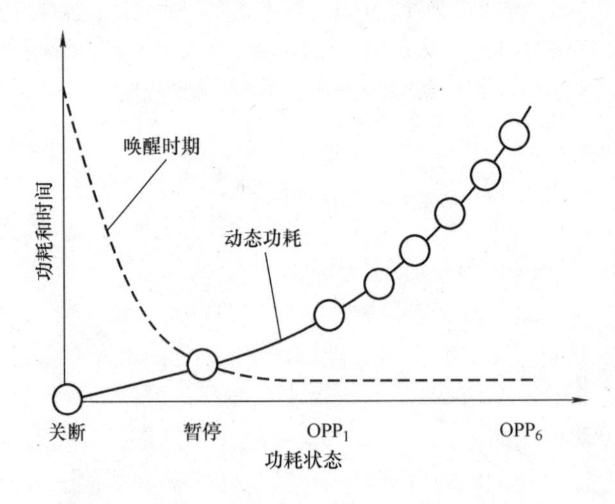

图 3.13　工作性能点与唤醒时间成反比。在运行状态（OPP 模式）之间切换是很快的。从挂起状态中恢复则需要较长的时间。从完全关机到完全开启需要花费最长的时间，却在提供最大的功率与热性能方面具有最大的潜力

表 3.2 唤醒时间与工作性能点模式成反比。这里的相对持续时间是指从当前功率状态到完全运行的功率状态

功率状态	对应开启时长
运行	很短
暂停	适中
关断	很长

总结

- 唤醒时间与功率状态模式成反比，如图 3. 13 和表 3. 2 所示。
- 系统在深度睡眠时功率消耗更少。
- 系统在深度睡眠时需要更长的唤醒时间。
- 每个设计（HW + SW）创建其独特的唤醒时间配置文件。

3. 4. 2. 4 快速启动

为了快速遍历曲线，特别是在从完全关闭状态到完全运行状态时，需要对启动过程进行调整。这是一项非常复杂的工作，并且高度依赖于功能的实现、所使用的 OS 和设计中包含的外围设备。

当调整 OS 快速启动时，可以在启动过程中进行优化，例如删除不必要的步骤、延迟设备驱动程序的加载或者完全删除启动加载程序。表 3. 3 提供了一份快速启动的技术列表。

表 3.3 用于快速启动的操作系统调整技术。每种设计都是独一无二的，如果盲目采用减少唤醒时间的步骤，则可能会产生一些不良后果。例如，删除启动加载程序可以改善启动时间，但却降低了系统的整体灵活性。对于某些应用程序来说，这是一个可接受的折中方案

技术	描　述
启动优化	移除启动程序中非必要的步骤
DMA	尽可能利用 DMA 传输
延时加载	将加载工作延时至设备启动后
延时计算	延时构建 Linux 中如/dev 的节点树等结构
移除启动加载	以降低灵活性为代价删除启动加载项
移除 debug 信息	删除 Debug 信息以提高启动速率
增加时钟速率	增加时钟速率以获得额外提升

在图 3. 14 中，使用表 3. 3 中的技术给出了正常启动和快速启动过程之间的差异时间轴线图。

通过减少启动时间，可以花费更多时间在关机状态，而不用为了进入完全运行状态而花大量时间等待。这对于长时间处于关闭或未使用状态，但又必须在数秒内充分响应以应对紧急情况，或节省宝贵电池电量的产品来说，尤其重要。

例如：

（1）军事机器人　如便携式军事侦察机器人，必须长时间携带在背包中，然后部署在战斗中对人们即将进入的建筑物和不安全区域进行勘察。这些设备长时间处于关闭状态，但必须在几秒钟内启动并完全运行。这是一个使用积极快速启动技术的完美应用。

（2）便携式除颤器　便携式除颤器通常长时间处于休眠状态。在必须使用它们的不幸事件中，它们需要启动并在几分钟内完全运行，是快速启动优化应用的良好候选者。

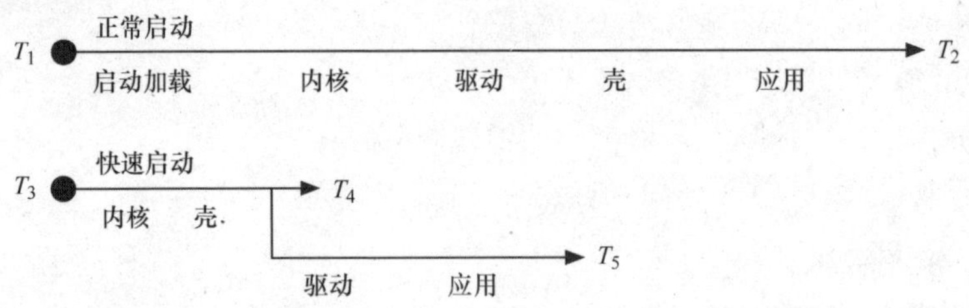

图 3.14　一个高级快速启动时间线。一个 OS 系统的正常启动时间通常包含多个阶段：引导加载程序、内核、设备驱动、shell 服务和应用程序。在快速启动场景中，可以使用多种技术来减少启动时间，同时延迟某些项（驱动、Linux 中的/dev 节点树等内部结构）的执行与加载，从而实现更快的启动时间。从热的角度来看，减少启动时间可以使频繁进入关机模式更容易，然后又可以在非常短的时间内扩展至完全运行模式

从可用性的角度来看，可以使用快速启动来提供更好的用户体验。如果可以选择一个系统启动时间不到 5s 的产品，那么没有用户会选择启动时间超过 60s 的系统。使用快速启动技术应该考虑到其在市场营销和可用性方面的优势。

最后但同样重要的一点是，请记住，从热的角度来看，快速启动技术非常重要，因为它允许系统在更长时间内处于完全关闭状态。完全关闭意味着没有功率消耗，因此也不会产生热量。这个概念描述如图 3.15 所示。

总结

- 低功耗模式可以帮助减少功耗和热量，应该加以利用。
- 低功耗模式如挂起（或关闭）消耗的功率非常少，但这增加了它们恢复到完全运行状态所需的时间。
- 为了在关闭状态下保持更长时间，需实现快速启动技术，这样系统可以在更短时间内进入完全运行状态。
- 快速启动是一个高度专业化的课题，它依赖于应用程序。通常，快速启动技术虽然有助于减少启动时间，但也有一些不利影响，因为它们常常会降低系统的灵活性（如没有启动加载程序、有限的调试信息等）。

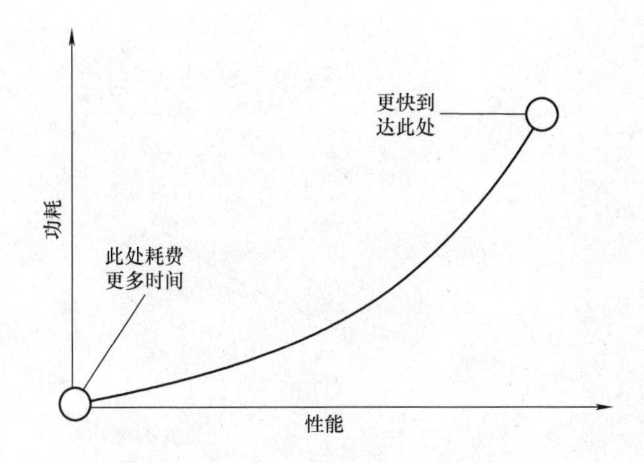

图 3.15　快速启动概念在动态功率曲线中的应用。快速启动技术使系统处于完全关闭状态的时间更长。完全关闭意味着没有功率消耗，因此不会产生热量。我们的目标是花更多的时间在关闭状态，但又能够很快速地进入完全运行状态

3.4.3　移动曲线

动态功率定律不能模棱两可，然而，可以使用新的技术来优化它，这些新技术在现代且功能强大的嵌入式系统中正越来越流行。

例如，一些 SoC 具有每颗芯片的电压校准，该校准定义了在指定功率状态下运行该 SoC 所需的最小输入电压。基于制造过程中不可避免的变化，一些芯片制造商因此提供调节电压的能力。TI 公司的 SmartReflex 功率和时钟门控技术就是一个例子。像这样的技术通常需要一个配套芯片，如电源管理集成电路（Power Management Integrated Circuit，PMIC）与处理器一起协同工作以提供该特性，如图 3.16 所示。

总结

- 动态功率定律模拟了功率、电容，电压和频率之间的基本关系。
- 虽然不能改变动态功率定律中建模的基本关系，但可以使用处理器特有的自适应电压调整技术（Adaptive Voltage Scaling，AVS）来调整曲线。
- 通常需要一个外部电源管理集成电路（PMIC）来完成和实现特定处理器的 AVS。

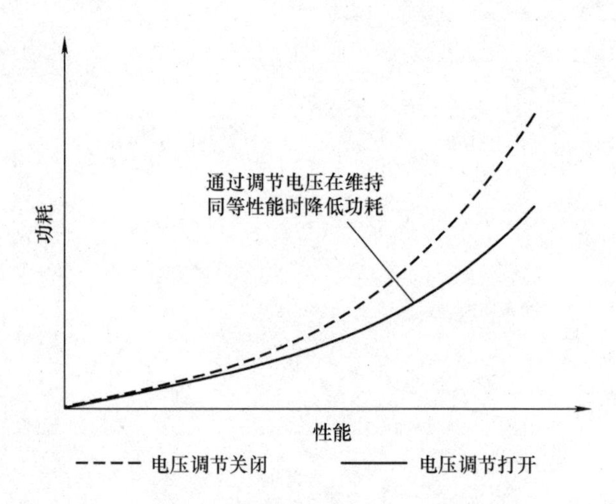

图 3.16　移动动态功率曲线是困难的，但自适应电压调整技术使之成为可能。一些 SoC 能够以制程变化作为校准方案的输入来调整处理器的电压。通常，这需要一个电源管理集成电路（PMIC）来完成

3.4.4　寻找替代曲线

到目前为止，已经讨论过每个处理器或包含一个处理器的系统，都有一个唯一的动态功率曲线。事实上，高级的 SoC 内有许多内核，它们可能有多个 ARM 核、一个数字信号处理器（Digital Signal Processor，DSP）、一个图像信号处理器（Image Signal Processor，ISP）、一个图形引擎，以及一个或多个视频/音频编解码的硬件实现。

因为很难将这些核分离出来，单独运行并测试它们的功耗，所以制造商通常不会为 SoC 内的每个组件提供功耗测量。然而，就目的而言，在试图了解软件如何影响功耗进而影响热性能这个问题上，有必要强调一些事情：

1）某些类型的处理最好在通用处理核，如 ARM 核上进行。运行操作系统提供对外围设备和内存等的方便访问，都最好在通用处理核心上完成。

2）有些处理（视频和音频编解码，数据采集和滤波等）最好使用数字信号处理器（DSP）来完成。在 DSP 上运行编解码器功率消耗更少，且相同算法比在 ARM 核上执行得好。DSP 具有自己的动态功率曲线，它更适合数据处理和滤波应用。

3）图像信号处理器、硬件加密加速器、硬件实现的协议栈和图形处理也是如此。确保使用所有可用的芯片特性，以便有效地优化处理过程、功耗和热输出。

因此，我们希望通过所有这些工具可以最大限度地利用处理器能力。从而降

低软件应用程序的复杂性，减少功率消耗，并产生更少热量。图 3.17 所示为 SoC 中多个动态功率曲线的图形描述。

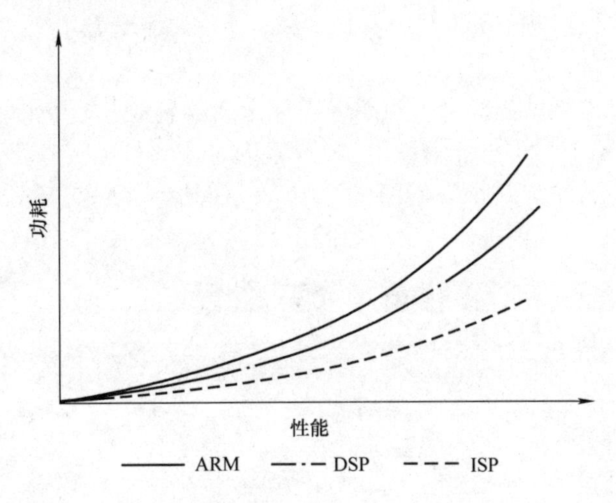

图 3.17　我们应该努力寻找替代动态功率曲线。虽然处理器供应商通常不会为某个处理器生成个别的功率数据，但可以以这种方式思考，并确保每个任务使用的都是处理器的最佳部分。现代处理器拥有多个计算块，有些处理器具有通用的处理核心、数字信号处理器、图像信号处理器、图形引擎和其他硬件加速块，如加密引擎或通信协议栈的硬件实现。每个处理模块都有一个理论上的动态功率曲线，虽然很难将它们进行隔离和独立测试，但是为处理块匹配适当的计算任务，从而合理地使用处理器是很重要的

总结

- 处理器有许多可使用的计算块。
- 利用最优的处理块来处理手上的任务（比如 DSP 用作信号处理，假设 DSP 可用）。
- 使用动态电压频率调节（DVFS）来做一些有利的事（关闭未使用的模块，并降低每个电源域上的频率和电压）。
- 请注意，并非所有处理器中的块都具有独立的工作性能点。ISP 可能只有两种状态：ON 和 OFF。但是，ARM 可能有许多可用的操作点。请务必阅读数据手册以了解处理器支持什么，然后再投入使用。

3.5　案例研究：亚马逊 Kindle Fire

第一代亚马逊 Kindle Fire 发布于 2011 年 11 月 15 日。7in 屏，原生分辨率

1024×600，交叉版本的 Android 系统（叫作 Fire OS）。Fire 配置了双核 1GHz 的 TI OMAP4 4430 处理器，Imagination 公司的 PowerVR SGX540 图形处理器，512M 内存（可选 1G），WiFi 802.11 b/g/n，8GB ROM 存储器和一块 4400mAh 的电池。

为了说明动态调整的概念，用 Fire 进行测试以显示运行中的动态功率定律，其 SoC（TI OMAP4 4430）能够设置多个工作性能点（OPP），能够用 SmartReflex 进行电压调整，可作为一个有用的主题用于说明功率状态与唤醒时间之间的关系。TI OMAP44x 系列处理器的框图如图 3.18 所示。

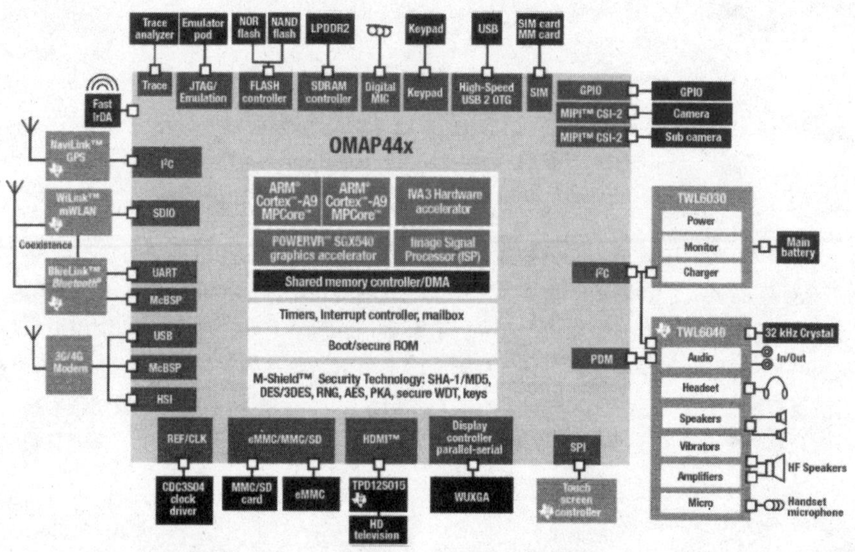

图 3.18　TI OMAP44x 框图。OMAP44x 系列的 SoC 处理器有两个 ARM CORTEX－A9 处理核、一个图像信号处理器（ISP）和一个图形加速器。这一系列的处理器能够快速清晰地遍历动态功率曲线，包括 SmartReflex（即自适应电压调节）等特性，由于硅制造过程中存在着细微的变化，因此该特性允许基于每颗芯片的校准常数对芯片的输入电压进行微调（图片由 TI 公司提供）

总结

- 亚马逊的 Kindle Fire 是一款消费平板设备，采用了先进的 SoC，能够快速高效地遍历动态功率曲线。
- Kindle Fire 作为一个有用的例子，可以用来说明功率、频率、电压和热量是如何联系在一起的。
- Kindle Fire 还包括一个基于 TI OMAP44x 系列处理器的 SmartReflex 特性，该特性允许自适应电压调节技术（AVS），可以根据半导体制造过程中的细微变化来调节动态功率曲线。

3.5.1 负载状态下

第一个测试是为了演示在负载下的动态调整。作为附加好处，测试进行了两次，一次只启用了两个 ARM 核中的一个，另一次启用了双核。两次测试系统都在运算重载下，都使用了来自 ANTuTu 实验室的 ANTuTu 基准测试平台[㊀]。

结果发现，随着频率增加，OMAP4430 具有遵循动态功率定律的动态功率曲线。此外，在负载状态下，双核的性能比单核更好。在这里，性能意味着双核不仅在计算上的表现更好（根据 ANTuTu 基准），而且比起单核执行相同工作所消耗的功率更少，如图 3.19 所示。

对于温度和功率的比较见表 3.4。其中运行在 600MHz 的单核比运行在 300MHz 的双核更热，消耗的功率也更多。

表 3.4 亚马逊 Kindle Fire 的动态功率曲线（在计算负载下），基于 OMAP 4430 上运行的 ANTuTu 基准测试。请注意，运行在 600MHz 的单个核比运行在 300MHz 的两个核更热，消耗的功率更多

测试/MHz	功耗/mW	温度/℃
单核 600	2158	43.5
双核 300	1930	42.0

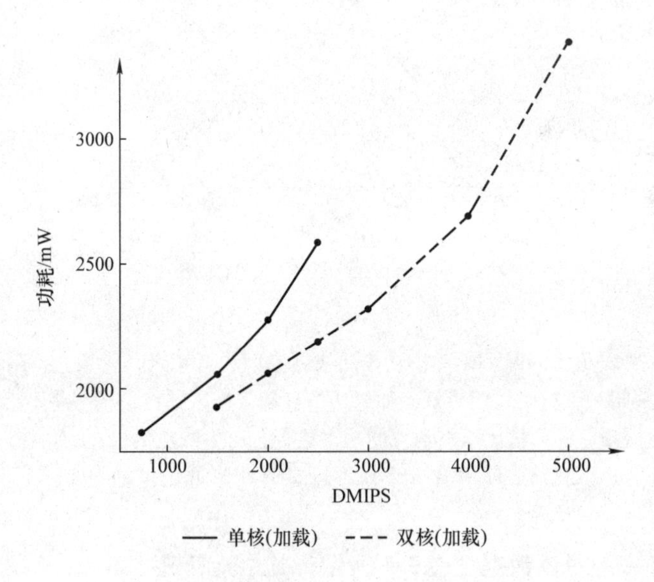

图 3.19 亚马逊 Kindle Fire 的动态功率曲线（在计算负载下）。基于对动态功率定律的认识，在 ANTuTu 基准程序测试的高负载下，Fire 表现出了符合我们期望的行为

㊀ ANTuTu 基准测试套件，测试各种性能，包括 CPU 整数性能、CPU 浮点性能、2D 图形性能、3D 图形性能、内存性能、SD 卡读写速度。

总结

- 亚马逊 Kindle Fire 证明了在高计算负载下动态功率定律的有效性。
- 当 Kindle Fire 被置于高计算负载下时，可以看到以一半速率运行的双核比单核的表现更好。

3.5.2 空闲模式

当亚马逊 Kindle Fire 进入空闲模式时，人们发现单核（另一核关闭）在功耗和热上的表现比双核更好。两个核都打开时，CPU 频率陡然上升，不需要进行有用的计算，却消耗了不必要的功率，产生了不必要的热量如图 3.20 所示。

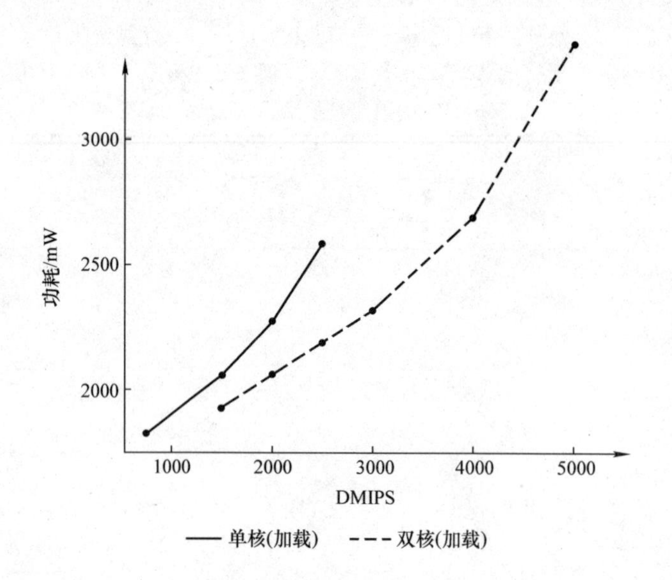

图 3.20 亚马逊 Kindle Fire 动态功率曲线（空闲模式）及其效果。空闲状态下，Kindle Fire 关闭一个核时性能更好。如果两个核都工作，则将消耗一些不必要的功率。换言之，两倍频率的单核比双核消耗的功率更少，产生的热量也更少。在比较单核与双核时，使用 DMIPS 而不是 MHz 来标准化 *X* 轴刻度

温度与功率的对比数据见表 3.5 所示，其中运行在 600MHz 的单个核比运行在 300MHz 的两个核消耗的功率更少。这些数据表明，空闲模式时，关闭内核效率更高。

表 3.5　亚马逊 Kindle Fire 动态功率曲线（空闲模式）及其效果。这里列出的是在 OMAP 4430 上运行 ANTuTu 基准测试的结果。注意，在 600MHz 下运行的单核比在 300MHz 下运行的双核消耗的功率更少

测试/MHz	功率/mW	温度/℃
单核 600	1611	38.5
双核 300	1729	40.0

总结

- 当 Kindle Fire 从低工作点调整到高工作点时，从它所需要的功率水平上可以看到，动态功率定律是成立的。这提醒软件工程师，在不需要高水平的计算时，处理器频率应该降低。
- 在负载下，多核解决方案比单核以两倍速率运行更好（功耗更小且产生热量更少）。这与动态功率定律是一致的。
- 在空闲状态下，单核解决方案比多核运行的表现更好（功耗更小且产生热量更少）。这是因为空闲时没有必要运行双核，单核就足够了。
- 当不需要计算时，软件工程师应尽可能地减少处理器的工作性能点，如果存在多个核，则在计算需求较低时关闭一个核。

3.5.3　电压调整

TI OMAP4430 能够根据每个芯片的变化，使用制造过程中的校准常数来调整处理器的输入电压。TI（德州仪器公司）称这种功能为 SmartReflex。在亚马逊的 Kindle Fire 上，SmartReflex 一直都处于打开状态。为了观察影响，接下来将进行一个测试，将 SmartReflex 打开，然后在动态功率曲线的不同位置将它关闭。结果如图 3.21 所示。

关于温度和功耗的比较见表 3.6，它显示了当 SmartReflex 处于打开状态时，部件运行时温度更低，功耗也比 SmartReflex 关闭时小。

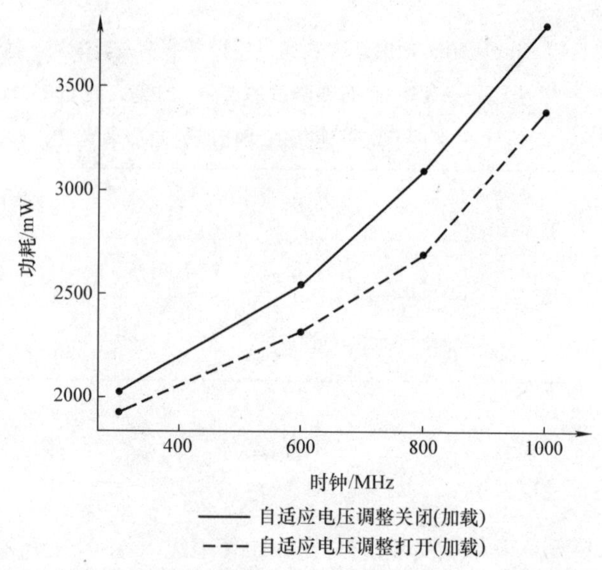

图 3.21　亚马逊 Kindle Fire 的电压调整特性（在高计算负载下）及其影响。TI OMAP4430 有一个电压调整特性称为 SmartReflex（即自适应电压调整）。当 SmartReflex 打开时，动态功耗曲线被移动，且由于动态功率定律仍然成立而呈指数形状。如果可用，则应该始终使用 SmartReflex 或者类似的技术。有一个例外是如果所使用的设备是高敏感度的无线电设备，那么关闭 SmartReflex 可能会更有利，这样可以避免干扰敏感的 RF 谐波

表 3.6　在电压调整前后（在高计算负载下），亚马逊 Kindle Fire 的功耗和热性能。这里显示了 SmartReflex 打开或关闭时的测试结果。当使用单颗芯片电压调整技术时，处理器消耗的功率更小，产生的热量也比不使用 SmartReflex 时更少

测试	功耗/mW	温度/℃
800MHz，SmartReflex 关闭	3097	50.0
800MHz，SmartReflex 打开	2690	45.0

总结

- 有些处理器具有单颗芯片电压校准特性，这个特性可能有独特的品牌名称，但有时也被称为自适应电压调整（AVS）。如果这个特性可用，那么请一定要使用它。该特性通常需要一个配套芯片，比如电源管理集成电路（PMIC）。
- 单片电压调整拥有改变动态功耗曲线的能力，它允许在较低功率或同等功率下具有更高的性能。除非有特殊的设计考虑，比如高灵敏度的射频谐波，否则应始终使用电压调整技术。
- 所有的功耗状态都将受益于电压调整。

3.5.4　唤醒时间

Kindle Fire 有四种功率模式，即关机、挂起（暂停）、空闲和运行（在高计算负载下）。对每一种功率状态，都需要一定的时间将系统启动至运行状态。图 3.22 所示为 Kindle Fire 的功率模式与唤醒时间之间的关系。

将功率与唤醒时间直接对比，深入挖掘之后的结果如图 3.23 所示。

温度、功率和唤醒时间的比较见表 3.7，根据显示，如果在深度睡眠模式，则系统将需要更长的时间启动并进入完全运行状态。

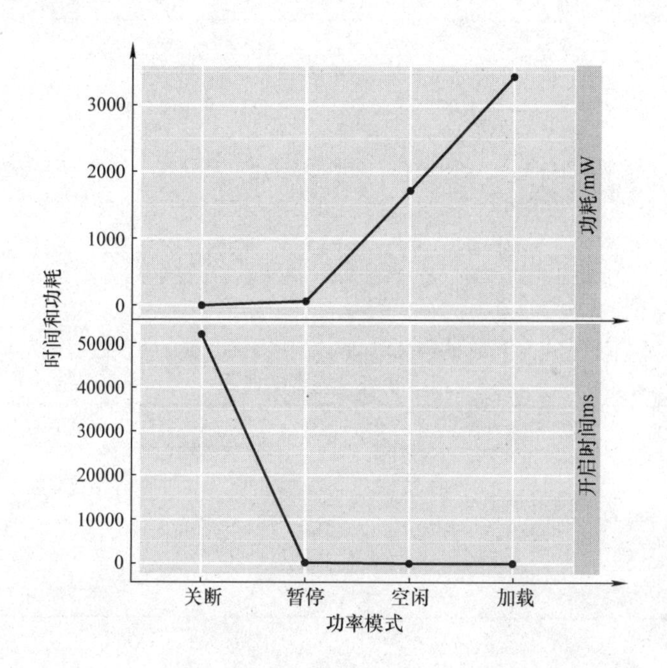

图 3.22　亚马逊 Kindle Fire 的唤醒时间，以及它与系统功率模式的关系。Kindle Fire 有四种模式，即关机、挂起（暂停）、空闲和运行（在高计算负载下）。每一种模式消耗不同的功率，产生不同的热量，并需要不同的持续时间以重新回到完全运行状态，该图表明唤醒时间与功率模式大致呈反比

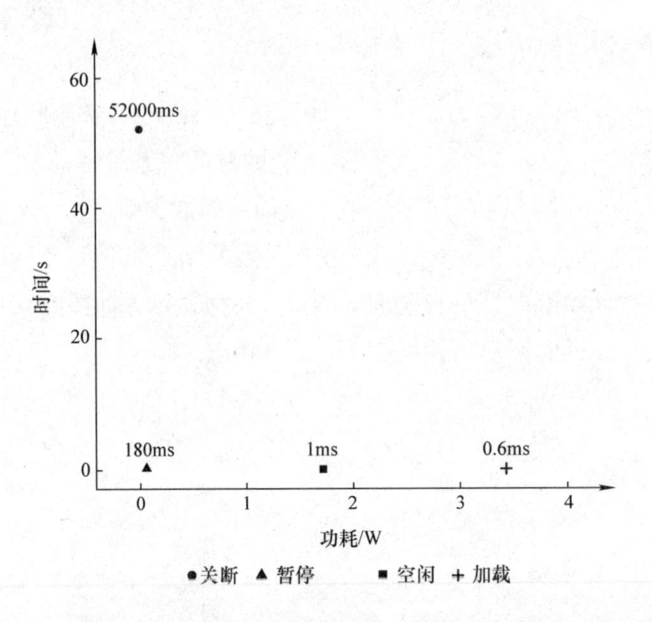

图 3.23 Kindle Fire 的唤醒时间与功耗的对比。当模式消耗的功率更多时，唤醒时间更少。在图中，距离原点最近的功率模式具有低功耗和低唤醒时间，这是应该花费最多时间的模式。对于 Kindle Fire，最接近原点的模式是挂起（暂停）模式，它在功率与唤醒时间之间取得了很好的平衡

表 3.7 亚马逊 Kindle Fire 的唤醒时间与功率消耗。这里将唤醒时间定义为达到运行状态所需要的时间

模式	功耗/mW	温度/℃	开启时间/ms
关断	0	25	52000
暂停	62	31	180
空闲	1721	34.2	0
加载	3431	51.1	0

总结

• Kindle Fire 有四种模式，即关机、挂起（暂停）、空闲和运行。从关闭到运行，这四种功率模式消耗的功率逐渐增加，产生的热量也逐渐增加，但是达到运行状态所花费的时间却是逐渐减少的。

• 在这个案例中特别值得注意的是，挂起（暂停）状态消耗的功率很少，产生的热量也很少，并且只需要几分之一秒的时间就可以进入运行状态。因此，应尽可能长时间地停留在挂起（暂停）状态上。

参考文献

1. Anonymous: Basic Thermal Management Whitepaper. Freescale Semiconductor (2013). http://www.freescale.com/files/analog/doc/white_paper/BasicThermalWP.pdf
2. ANTuTu Benchmark. In: ANTuTu Labs (2013). http://www.antutulabs.com/
3. Benini, L., Bogliolo, A., De Micheli, G.: A survey of design techniques for system-level dynamic power management. IEEE Trans. Very Large Scale Integr. VLSI Syst. **8**, 299316 (2000)
4. Benini, L., Micheli, G.D.: Dynamic Power Management: Design Techniques and Cad Tools. Springer, Berlin (1998)
5. Buchdahl, H.A.: The Concepts of Classical Thermodynamics. The Concepts of Classical Thermodynamics. Cambridge University Press, Cambridge (2009)
6. Condra, L., Das, D., Pendse, N., Pecht, M.G.: Junction temperature considerations in evaluating electronic parts for use outside manufacturers-specified temperature ranges. IEEE Trans. Compon. Packag. Technol. **24**, 4 (2001)
7. Kestin, J. (ed.): Second Law of Thermodynamics (1976)
8. Lavine, A.S., DeWitt, D.P.: Fundamentals of Heat and Mass Transfer. Wiley, New York (2011)
9. Mller, P.I.: Third Law of Thermodynamics. A History of Thermodynamics, p. 165196. Springer, Berlin (2007)
10. Nebel, W., Mermet J.P: Low Power Design in Deep Submicron Electronics. Springer, Berlin (1997)
11. Rashid, M.H.: Power Electronics Handbook. Academic Press, San Diego (2001)
12. Serway, R.A.: Physics for Scientists and Engineers, 9th edn. Cengage Learning, Belmont (2012)

第 2 部分

分　　类

在软件热管理领域，有一些常用的技术和框架，可在出现症状之前解决散热问题。

下述章节将描述一整套方法，并按所述方式整理：

第4章技术：本章将列出一系列解决软件热管理问题的技术。

第5章框架：本章将列出可用于协调解决软件热管理问题的更高级的技术框架。

第6章前沿：本章将为未来的研究领域提供一个路线图，可以推动软件热管理的发展，并为这个重要的新领域带来成熟、严谨和跨领域的专业性。

本书的这一部分作为参考，供读者在嵌入式系统中使用软件管理热性能过程中，尝试寻找思路时查阅或回顾。

第 4 章
技术：让硅工作

质量永远不是偶然的，它始终是高度用心、真诚努力、智能指导和巧妙执行的结果，它代表了许多备选方案中的明智选择。

——威拉·A. 福斯特

本章将介绍一组常用技术，可用于使用软件管理或缓解嵌入式系统中的散热问题。本章中描述的大多数技术都需要硬件支持，这些支持因处理器而异，但大都使用类似的模式。下面是这些模式的描述。

4.1 硅制造趋势

电子热管理不是也不应该被视为仅是与硬件相关的问题，它是一个系统问题，需要电子工程师、机械工程师和软件工程师协作，共同努力创建解决方案。

尽管处理器变得越来越强大，并且诸如风扇、散热器和导热垫片等散热产品变得越来越成熟，但它何时调至低功耗模式，关闭电源，让外设进入低功率状态，或者提高（处理器）频率和电压以满足系统的计算需求，都是由运行于设备中的软件所控制的。软件在使用硬件和处理器功能时扮演的角色可以从图 4.1 中得知。

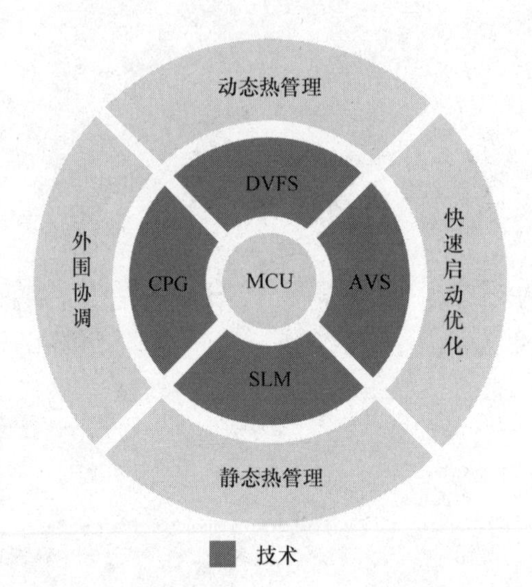

图 4.1　软件在热管理体系中扮演着非常关键的角色。从处理器到系统支持的硬件功能，软件决定如何以及何时切换到低功耗模式。图的中间是微控制器单元（MCU），硬件支持的电源和散热功能类别包括动态电压频率调节（DVFS）、自适应电压调节（AVS）、静态漏电流管理（Static Leackage Management，SLM）以及时钟和功耗门控（Clock and Power Gating，CPG）

处理器设计领域已经有了长足的进步，正在生产的处理器具有越来越多的电源管理功能，可用于优化功耗和散热性能。例如，几种类型的等待、空闲、待机和睡眠模式，可用于在不工作期间暂停处理器操作。

此外，处理器内部还有另一些机制，可以在芯片某些部分不使用时自动节电。

此外，许多处理器可以运行在可变的时钟速率和电平电压，在低处理需求或非关键时刻时降低开关频率，在计算需求高时提高开关频率，从而为系统的热性能带来收益。

时钟树的复杂化正在成为常态，因此时钟树的多个部分，甚至时钟树的每一个精细时钟频点，都可以被（软件）关闭。软件工程师的工作就是理解处理器支持的时钟树，并尽可能地利用它们[14,15]。

芯片厂商也发现，随着硅制造工艺的不断迭代，静态漏电流（处于非运行状态时消耗的功耗，电源仍向芯片供电）变得越来越难以控制。我们应该期待，随着未来的技术进步，将抵御静态漏电这一影响，并通过芯片级的新技术和发明，降低芯片的待机漏电流。

半导体器件制造变得越来越复杂。常见的检测指标就是半间距，它是指存储器阵列中相同单元之间的一半距离。这一 CMOS 制造工艺的检测指标，每隔几年就会变得更小，但是在静态漏电流和量子隧道效应方面却带来了越来越多的挑战，如图 4.2 所示。

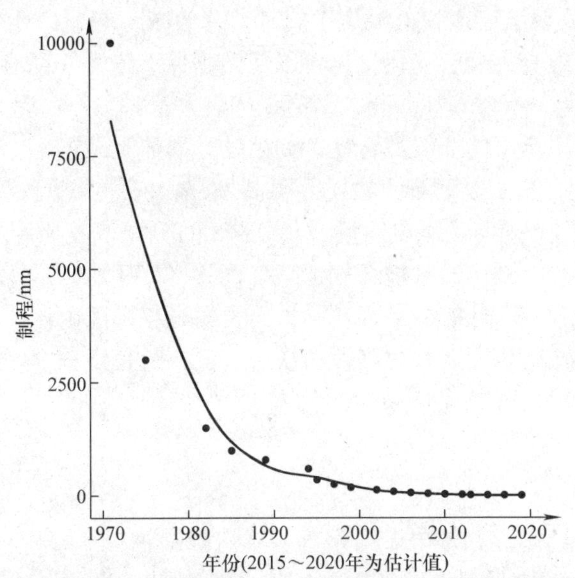

图 4.2 半导体器件制造变得越来越复杂。常见的检测指标就是半间距，它是指存储器阵列中相同单元之间的一半距离。这一 CMOS 制造工艺的检测指标，每隔几年就会变得更小，但是在静态漏电和量子隧道效应方面却带来了越来越多的挑战

下面部分将提供软件控制芯片功能的高级列表，软件工程师应该了解任何对散热性能要求高的嵌入式系统。

总结

• 热管理是一个系统问题，需要电气工程师、机械工程师和软件工程师协同工作。

• 电子集成电路设计，正变得越来越复杂。

• 软件工程师必须了解芯片工作机制，从而使芯片的电源和热性能管理良好工作。

4.2 动态电压频率调节

动态电压频率调节（DVFS）是一种技术，可以自行调节微处理器的频率以节省功率，增加或降低性能，或减少热量产生。DVFS 通常用于小型便携式设

备，其能量来自有限容量的电池，或者是具有良好热性能的手持设备[16-19]。

DVFS还因环境因素而采用，以降低功耗和冷却成本控制。功耗越小意味着热量输出越少，这种效果使系统运行时温度更低、功耗更低，并且允许电池小型化。

DVFS也可以在温度达到上限热阈值时，有效减少热量产生。处理器的性能回退导致计算能力有可能会受损，但可以帮助确保不违反处理器的推荐操作条件（Recommended Operating Condition，ROC）和最大绝对工作温度（AMR）。

由于动态功率定律的非线性特性，如果处理器的负载很轻，则可以降低工作频率以节省时钟工作，从而降低功耗并限制发热。这称为动态频率调节（DVFS的DFS部分），但必须与动态电压调节（DVFS的DVS部分）协同工作。这两个内容是高度耦合的，因此通常被合称为一个概念（DVFS）。

当处理器的频率降低时，处理器不再需要原先相同的电压。因此，可以在降低频率的同时降低电压，调整处理器内核输入电压的特定技术称为动态电压调节（Dynamic Voltage Scaling，DVS）。

总结

• 动态电压频率调节（DVFS）是一种可以根据处理器上的负载（计算需求）按比例增加或降低处理器频率和电压的技术。

• 降低频率和电压可以降低处理器的功耗，并且在确保不牺牲重要的用例和场景下，应尽可能多地使用。

4.2.1 电压转换

当同时转换电压和频率时，频率可以快速改变，但由于本文范围之外的原因，电压转换相对较慢。转换电压电平所需的时间称为压摆率，如图4.3所示。

4.2.2 测序

DVS和DFS技术通常一起称为动态电压频率调节（DVFS）。频率的增加或降低必须按特定顺序运行。芯片厂商提供的处理器和固件通常会自动执行此任务，并正确完成。要降低工作点，必须首先降低频率，然后降低电压。反之亦然，要提升工作点，必须先增加电压，然后提高频率。该时序如图4.4所示。

在微处理器上使用DVFS时，厂商通常会提供电源状态转换（如DVFS引擎）并管理电源转换。但是，设计人员必须给出频率和电压配对的工作性能点（OPP）的定义。表4.1中显示了TI OMAP35x处理器系列（ARM + DSP）标配的DVFS配置示例。

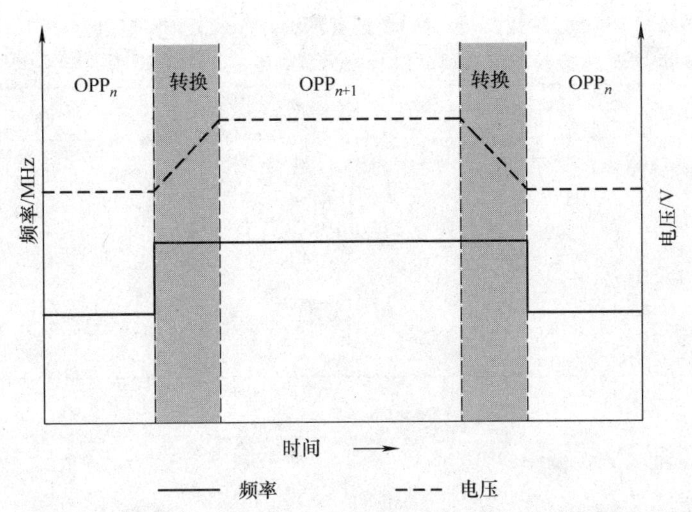

图 4.3　动态电压频率调节（DVFS）转换。当电压和频率下降时，频率可以快速变化。但电压的转换相对较慢，从而避免不必要的副作用。电压变化所需的时间称为压摆率，通常是可配置的速率

此外，软件工程师必须设计好逻辑，来决定何时正确地从一个 OPP 切换到另一个 OPP。例如，在系统上按下启动，可以指示设备进入休眠状态，则 DVFS 引擎发出指令，让系统进入功耗更低的新的工作性能点。

需要了解的是，DVFS 作用的是处理器核心的工作频率和电压。但是，它不会影响电路板上其他外设器件所消耗的功耗或热量。对于外设器件，软件工程师需要有额外的逻辑和控制来协调配置这些外设器件，以配合 DVFS 工作性能点的相应变化。

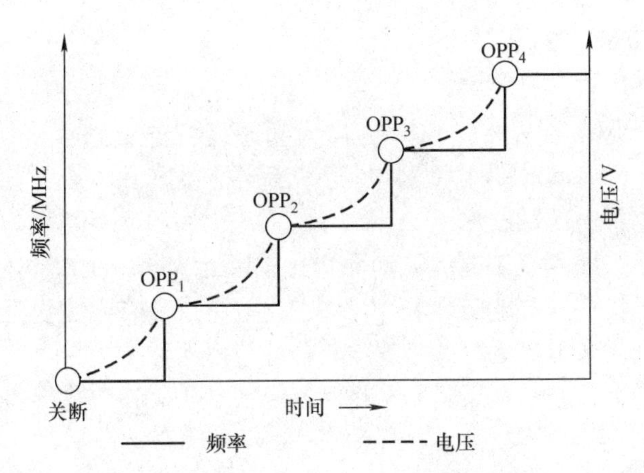

图 4.4　动态电压频率调节（DVFS）序列。当电压和频率按比例提高或降低时，必须遵循特定的顺序。当工作性能点（OPP）增加时，必须先提高电压，再增加频率。当 OPP 降低时，必须先降低频率，再降低电压

表 4.1 TI OMAP35x 处理器的一组 DVFS 设置示例。每个工作性能点（OPP）指定了 ARM 内核和 DSP 内核的时钟频率，以及为两者供电的 VDD1 所需的电平电压[1]

工作性能点	ARM 时钟/MHz	DSP 时钟/MHz	VDD_1/V
1	125	90	0.95
2	250	180	1.00
3	500	360	1.20
4	550	400	1.27
5	650	430	1.35

总结

- 现代处理器能够在不同的工作性能点运行，这些点被定义为频率和电压的组合。
- 通过在需求高时提高处理器频率，在需求低时降低处理器频率，可以最大限度地降低功耗并最大限度地减少热的问题。
- 处理器厂商或许会提供 DVFS 引擎，根据适当的转换速率处理电压和频率的排序。
- 作为软件工程师，需要给 DVFS 引擎提供工作性能点的列表，还需要在应用程序软件中决定何时移动到特定的工作性能点，并根据需要暂停或唤醒外设器件。

4.3 自适应电压调节

自适应电压调节（AVS）有时也称为动态运行温度补偿（Dynamic Process Temperature Compensation，DPTC），是指基于当前温度、制造工艺变化和相应频率，动态调整电源电压的技术。

晶体管性能会因制造工艺的波动而变化，因此，同一批次中的一部分芯片能够在给定电压下支持更高的工作频率（快工艺），或者在给定电压下，获得预定义的性能窗底部的较低频率（慢工艺）。自适应电压调节（AVS）可根据每颗芯片的基压特性，个性化地配置运行。图 4.5 所示为 CMOS 工艺变化的正态分布的一个示例。

AVS 测量参考电路的时延，该时延取决于特定芯片的工艺速度和温度，然后将其与芯片的当前结温和时钟频率相结合，得出芯片可以运行的最小电压，消耗的最低功耗，同时仍然满足它的计算要求。

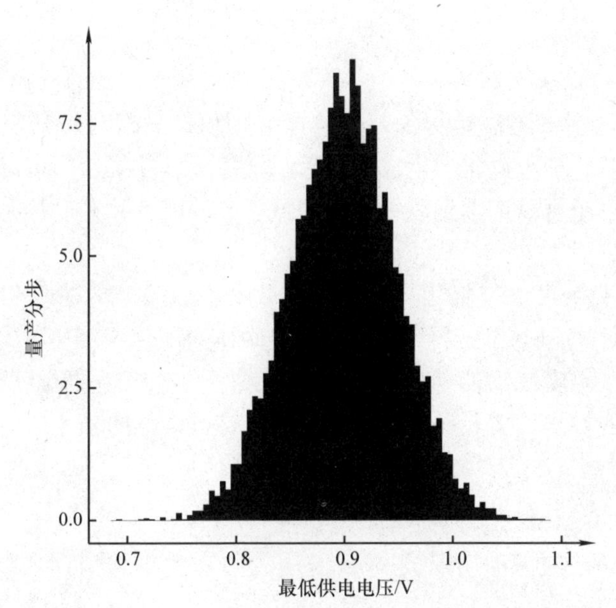

图4.5 自适应电压调节（AVS）可以补偿CMOS工艺的变化差异。晶体管性能会因制造工艺的波动而变化，因此，同一批次中的一部分芯片能够在给定电压下支持更高的工作频率（偏快工艺），或者在给定电压下，获得预定义的性能窗底部的较低频率（偏慢工艺）。自适应电压调节（AVS）可根据每颗芯片的基本特性，个性化地配置运行。该图显示了CMOS制造工艺结果的假设正态分布

在处理器中，AVS有不同的名称（飞思卡尔称之为动态运行温度补偿(DPTC)；而TI则称其为自适应电压调节（AVS)），与SmartReflex紧密相关，在美国国家半导体还称之为PowerWise技术。

AVS有很多种形式，未来几年会出现更多形式。所有AVS解决方案的统一属性是它们利用CMOS工艺的变化并根据这些工艺变化提供（或控制）最小的输入电压。

AVS有两种分类，即闭环和开环，将在以下各节中介绍。

总结

- 自适应电压调节（AVS）允许根据各个工艺变化调节处理器的输入电压。
- AVS有不同的命名，但介绍的是相同的内容。AVS的共同特点是它利用各个工艺变化来调整核心的输入电压。
- 如果AVS可用，则使用它肯定没错，因为无论使用何种电源模式，它都将有助于提高电源和散热性能。

4.3.1　开环

一种简单的 AVS 方法是制备一个包含电压和频率配对的列表。该电压是维持芯片功能所需的最小电压。生成该表后，硬件和软件工程师可以确保在给定频率下运行时，电压可以调整到表中列出的最小电压值，并在运行时实现节省最多的功耗和热量。

虽然开环 AVS 可以产生相当好的节能效果，但闭环方法显然更好。对处理器的每个工作频率和电压进行表征，包括电源调节误差（5% ~10%）的余量，工艺变化和基于温度波动的性能变化。使用频率和电压表的开环 AVS 方法是一种简单但保守的方法，需要在所有工作频率下进行详尽的表征。

总结

- 开环 AVS 是一种简单的 AVS 方法，它实现了与闭环 AVS 几乎相同的目标。
- 如果处理器无法使用闭环 AVS，则使用开环 AVS。

4.3.2　闭环

闭环 AVS 的使用与开环 AVS 的理念相同，会不停地基于内部的运算时延、频率、工艺和温度波动，实时计算最小电压，并调其馈送到芯片的外部管理电源，随后调节处理器的输入电压，如图 4.6 所示。

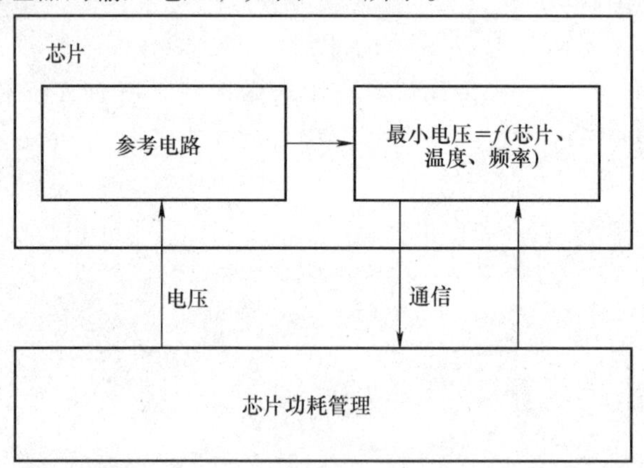

图 4.6　自适应电压调节（有时称为动态过程温度补偿）测量芯片上参考电路的频率。该参考电路指明任何工艺变化都将影响处理器。参考电路、温度和频率将计算处理器该部分的最小输入电压。该信息被传送到芯片的管理电源，随后提高或降低处理器的输入电压

有许多替代方法可用于执行闭环 AVS，以及实现自我闭环方案的智能方案，但不在本书的讨论范围之内。有关 CMOS AVS 的更深入处理，请参阅 Wirnshofer 关于该主题的工作成果[2]。

定义 4.1 AVS 的解决方案是基于 CMOS 工艺作用在每个芯片上的影响，通过提供引导（如开环），或采取控制（如闭环）来为每颗芯片提供基于补偿 CMOS 工艺偏差的最小输入电压。

有一些处理器是在硬件中实现 AVS 方案的，并以独立于软件的方式运行。在这种情况下，AVS 的软件控制可以同 AVS 开关一样简单。

AVS 的实现总是需要一个可以与处理器通信的外部管理电源，实时计算设定处理器的输入电压。

如果可以，则最好始终将自适应电压调节（AVS）功能打开，除非正在设计高灵敏度的 RF 设备，且不允许输入电压和时钟频繁调节。

总结

- CMOS 制造工艺流程中，每个部分都可能引起最小工作电压的略微差异。
- 自适应电压调节根据工艺流程的变化，自动调节芯片的输入电压来补偿这一差异，但通常需要配套的电源管理芯片。
- AVS 的命名有很多，具体取决于制造商。有一些供应商称其为动态运行温度补偿。
- 如果处理器可以使用 AVS，请务必使用它。无论当前使用的系统电源管理模式如何，AVS 都将为嵌入式系统带来功耗和热量管理的收益。

4.4 时钟和电源门控

时钟和电源门控（CPG）是一种技术的组合，用于在关键外设器件或电路的某部分不使用时，通过偏置（时钟门控）或降低功耗（电源门控）来降低它们的动态功耗、静态功耗和热量。以下各节将更详细地介绍这两项技术。

4.4.1 时钟门控

时钟门控是一种有效的策略，可以在保持性能和功能的同时降低功耗。相比时钟门控或者关机，时钟开启时会消耗更多功耗，因此，时钟会消耗总动态功耗中的很大一部分。通过关闭未使用区域的时钟，可以实现功耗和热量的节省[3]。

定义 4.2 时钟门控是一种通过关闭空闲状态电路的时钟信号来降低功耗和

热量的方法。

处理器上的时钟通常以时钟树表示。门控时钟的过程可以看作是修剪时钟树，关闭不需要操作的时钟，从而节省功耗。

修剪时钟树，会禁用设计中的部分电路，这样它们中的触发器就不必切换状态（消耗额外的功耗并产生额外的热量）。当时钟没有切换时，这些时钟的动态功率变为零，只剩下漏电流，如图 4.7 所示。

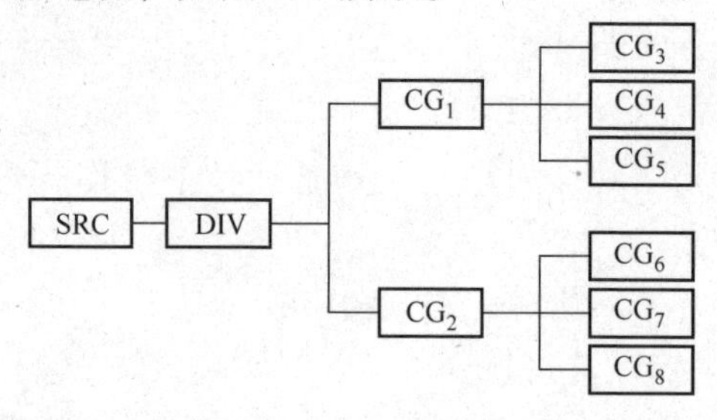

图 4.7　时钟树示例。在这个简化的示例中，SRC 指的是时钟源，DIV 是频率分频器，CG_1 和 CG_2 是时钟树的主要部分。在嵌入式系统中，时钟对系统的总功耗贡献很大。通过关闭一部分不使用的时钟树，可以显著降低功耗和热量

支持手机系统的 OMAP35x 芯片系列，支持多种形式的时钟门控。一方面是软件控制的手动时钟门控，其中空闲的驱动器可以启用或关闭各种时钟。另一方面是自动时钟门控，即自主告诉硬件决定做什么工作，如果不需要则关闭设定的时钟。这些形式相互作用，并且有可能作用在同一时钟树的某一部分。

总结

- 时钟会消耗系统的大量功耗。
- 通过关闭不在使用中的时钟，可以节省能耗，并显著降低功耗和热量。
- 软件工程师应确保所选处理器的时钟门控功能可以使用，从而对系统的总功率和热性能提供相当大的帮助。

4.4.2　电源门控

电源门控是一种用于集成电路设计的技术，通过切断不在使用中的电路模块（电源域）的电源，同时保留其他有功能属性的电源模块来降低功耗。因此，电源门控的目标是通过暂时切断某一工况下不需要的电路模块，来将漏电功耗降至最低[3]。

定义 4.3　电源门控是一种通过暂时切断不需要的指定电路模块的电源来最小化漏电流功耗的技术。

电路关闭状态时，有时称之为低功耗或非活动模式。当再次需要这些电路模块进行工作时，它们被激活为活动模式。这两种模式在适当的时候，通过软件或硬件控制相互切换，达到功耗和热量尽可能最小的效果，同时保持系统整体设计的必要性能。采用电源门控时的热量和功率之间的关系如图4.8所示。

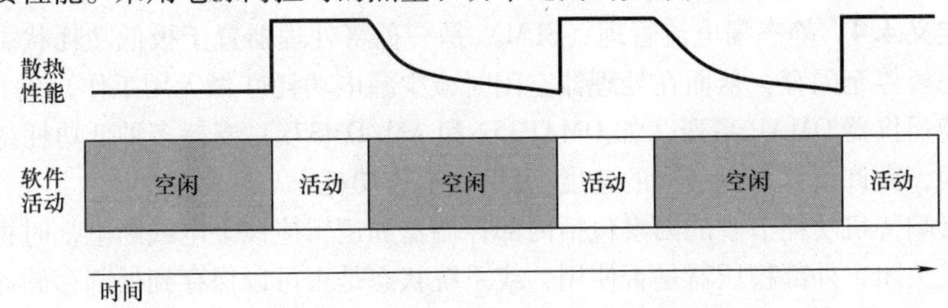

图4.8　为确保（系统）安全地接入或退出电源模块，电源门控会增加（电源管理）的时延对于使用电源门控，压摆率是决定门控效率的重要参数。当压摆率很大时，关闭和接通电路需要更多时间

电源门控会增加电源管理的时间延迟，因为系统必须安全地接入和退出电源模式。对于电源门控使用，压摆率是决定门控效率的重要参数。当压摆率很大时，关闭和接通电路需要更多时间。

另外，电源门控的过程本身要消耗一些功率（动态和静态功耗），因此如果频繁切入低功耗模式，且时间短到可忽略不计，则这样的电源门控是没有用的。

还有，对带有RF接收器的典型无线产品的评估，设计人员可以使用线性RF功率控制器作为控制开关，以便在不使用无线功能时节省能耗。除非有硬件自动化，否则最好由软件框架控制决定是否在适当的时候将RF接收器电路置于低功耗模式。

总结

- 电源门控通过间断性地切断选定的未使用电路的电源，最大限度地降低漏电功耗。
- 微处理器内的电源域有时支持电源门控，但也可以把设计中的其余部分列为关键电路实现电源门控。
- 软件工程师需了解软件中的电源门控措施，并在不使用门控电路时适当转换到低功耗模式。

4.5　静态漏电流管理

当处理器处于空闲模式，并且没有进行有用的处理时，它所消耗的电量称为漏电。理想情况下，我们希望将漏电降至可接受的低水平，执行此操作的过程称为静态漏电流管理（SLM）。除非切断整个处理器的电源，否则无法完全消除漏电流。有一些漏电流是可以接受的，例如保持唤醒域供电，以便处理器在事件触发时快速唤醒。

定义 4.4 静态漏电流管理（SLM）是一种将处理器置于极低功耗状态，将其状态暂停至闪存，从而在处理器空闲时减少漏电功耗（做无用工作）的技术。

德州仪器 OMAP 系列（如 OMAP35x 和 AM/DM37x）支持多种低功耗待机状态选项，允许设计者以唤醒的速度/延迟来节省功耗。

影响待机功耗节省的因素包括内部存储器和逻辑应该上电或断电，时钟应该打开或关闭，外部稳压器是否使用，或系统状态是否可以保存到外部存储器但仍监视唤醒事件。

更多可用于调节减少静态功耗的其他方法取决于处理器，例如，如果使用正确的顺序，基于 ARM ARM926EJ－S 内核的处理器，则可以关闭其高速缓存 RAM 和内存管理单元（Memory Management Unit，MMU）RAM。ARM926EJ－S 技术参考手册内容如下[4]：

（1）缓存 RAM　RAM 可以使用 CP15 控制寄存器 c1，在相应的不包含任何有效条目的缓存禁用时，安全地关闭任一高速缓存。缓存禁用时，只有指定的 CP15 控制器才能访问缓存 RAM（c7 缓存维护操作）。在任何高速缓存 RAM 断电时，不得执行这些指令。如果高速缓存的任何 RAM 已经断电，则必须在重新启用相关高速缓存之前将它们上电。

（2）MMU RAM　如果已使用 CP15 控制寄存器 c1 禁用 MMU，则可以安全地关闭用于实现 MMU 的 RAM，并且它不包含有效条目。禁用 MMU 时，只有指定的 CP15 控制器才能访问 MMU RAM（c8 TLB 维护操作和 c15 MMU 测试/调试操作）。MMU RAM 断电时，不得执行这些指令。在重新启用 MMU 之前，必须先为 MMU RAM 上电。

总结

- 静态漏电流管理（SLM）是一种在处理器做无用功时降低漏电功耗的技术。
- 常见的 SLM 技术是将系统状态挂起到闪存，以通过保持 RAM 设备刷新来节省漏电功耗。
- 软件工程师应检查可用于减少处理器静电漏电流的选择。

参考文献

1. Mushah, A., Dykstra, A.: Power-Management Techniques for OMAP35x Applications Processors. Texas Instruments, Dallas (2013)
2. Wirnshofer, M.: Variation-Aware Adaptive Voltage Scaling for Digital CMOS Circuits. Springer, Dordrecht (2013)
3. Shrivastava, A., Silpa, B.V.N., Gummidipudi, K.: Power-Efficient System Design. Springer, New York (2010)
4. ARM926EJ-S Technical Reference Manual. ARM Limited (2008)
5. Ieong, M., Doris, B., Kedzierski, J., Rim, K., Yang, M.: Silicon device scaling to the sub-10-nm regime. Science **306**, 20572060 (2004)
6. Hu, Z., Buyuktosunoglu, A., Srinivasan, V., Zyuban, V., Jacobson, H., Bose, P.: Microarchitectural techniques for power gating of execution units. In: Proceedings of the 2004 International Symposium on Low Power Electronics and Design, pp. 32–37. ACM, New York (2004)
7. Kim, S., Kosonocky, S.V., Knebel, D.R.: Understanding and minimizing ground bounce during mode transition of power gating structures. In: Proceedings of the 2003 International Symposium on Low Power Electronics and Design, pp. 22–25. ACM, New York (2003)
8. Agarwal, K., Nowka, K., Deogun, H., Sylvester, D.: Power gating with multiple sleep modes. In: Proceedings of the 7th International Symposium on Quality Electronic Design, pp. 633–637. IEEE Computer Society, Washington (2006)
9. Jiang, H., Marek-Sadowska, M., Nassif, S.R.: Benefits and costs of power-gating technique. In: IEEE International Conference on Computer Design: VLSI in Computers and Processors, ICCD 2005, pp. 559–566 (2005)
10. Kim, S., Kosonocky, S.V., Knebel, D.R., Stawiasz, K.: Experimental measurement of a novel power gating structure with intermediate power saving mode. In: Proceedings of the 2004 International Symposium on Low Power Electronics and Design, ISLPED 04, pp. 20–25. Newport Bearch (2004)
11. Usami, K., Ohkubo, N.: A design approach for fine-grained run-time power gating using locally extracted sleep signals. In: International Conference on Computer Design, ICCD 2006, pp. 155–161 (2006)
12. Singh, H., Agarwal, K., Sylvester, D., Nowka, K.J.: Enhanced leakage reduction techniques using intermediate strength power gating. In: IEEE Transactions on Very Large Scale Integration (VLSI) Systems, vol. 15, pp. 1215–1224 (2007)
13. Kim, S., Kosonocky, S.V., Knebel, D.R., Stawiasz, K., Papaefthymiou, M.C.: A multi-mode power gating structure for low-voltage deep-submicron CMOS ICs. In: IEEE Transactions on Circuits and Systems II: Express. Briefs, vol. 54, pp. 586–590 (2007)
14. Restle, P.J., McNamara, T.G., Webber, D.A., Camporese, P.J., Eng, K.F., Jenkins, K.A., Allen, D.H., Rohn, M.J., Quaranta, M.P., Boerstler, D.W., Alpert, C.J., Carter, C.A., Bailey, R.N., Petrovick, J.G., Krauter, B.L., McCredie, B.D.: A clock distribution network for microprocessors. IEEE J. Solid-State Circuits **36**, 792–799 (2001)
15. Chiou, D.-S., Chen, S.-H., Chang, S.-C., Yeh, C.: Timing driven power gating. In: Proceedings of the 43rd annual design automation conference, pp. 121–124. ACM, New York (2006)
16. Semeraro, G., Magklis, G., Balasubramonian, R., Albonesi, D.H., Dwarkadas, S., Scott, M.L.: Energy-efficient processor design using multiple clock domains with dynamic voltage and frequency scaling. In: Proceedings of Eighth International Symposium on High-Performance Computer Architecture, pp. 29–40 (2002)
17. Choi, K., Soma, R., Pedram, M.: Fine-grained dynamic voltage and frequency scaling for precise energy and performance tradeoff based on the ratio of off-chip access to on-chip

computation times. In: IEEE Transactions on Computer-Aided Design of Integrated Circuits and Systems. vol. 24, pp. 18–28 (2005)
18. Choi, K., Dantu, K., Cheng, W.-C., Pedram, M.: Frame-based dynamic voltage and frequency scaling for a MPEG decoder. In: Proceedings of the 2002 IEEE/ACM International Conference on Computer-Aided Design, pp. 732–737. ACM, New York (2002)
19. Magklis, G., Scott, M.L., Semeraro, G., Albonesi, D.H., Dropsho, S.: Profile-based dynamic voltage and frequency scaling for a multiple clock domain microprocessor. SIGARCH Comput. Archit. News **31**, 14–27 (2003)

第 5 章

框架：创建子模块

只有当组织不满现状推进创造性的文化时，才能实现卓越。
——劳伦斯·米勒

为了使热管理在系统层面表现卓越，软件必须与硬件协调，在非峰值时段节省功耗，并在有需求时进行扩展。本章将描述一系列可用于软件级别管理嵌入式系统热性能的框架。

5.1 软件协调

为了管理嵌入式系统的热性能，软件必须协调处理器和外设器件，以便在正确的时间做正确的事情。单靠硬件无法完成这一任务。软件不仅要负责系统的性能、功能和可靠性，还要负责功耗和热性能，如图 5.1 所示。

实现软件热管理目标的方法可归结为一种说法：不允许有害的峰值热事件，使系统尽可能长时间和尽可能多地休眠。

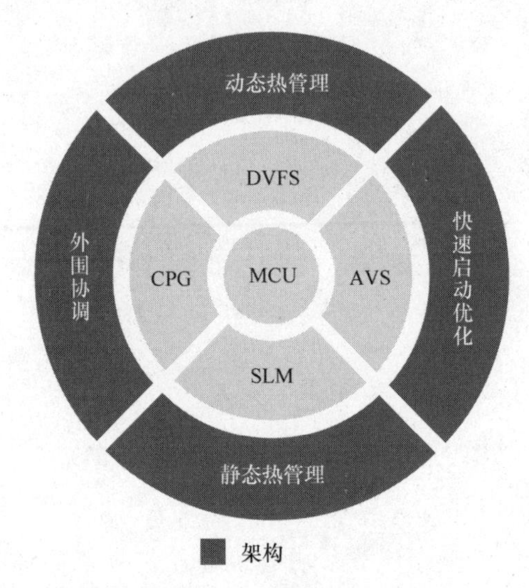

图 5.1　软件在热管理体系结构中起着特殊的作用。从处理器到硬件支持的各功能，软件决定了如何以及何时切换低功耗模式。图中央是微控制器单元（MCU），硬件支持的电源和散热功能分类，包括动态电压和频率调节（DVFS）、自适应电压调节（AVS）、静态漏电流管理（SLM）以及时钟和电源门控（CPG）功能

推广软件电源管理方法的目的是节省计算机通常不在意的功耗开销。这种广泛用于台式计算机或移动设备（如笔记本电脑）的电源管理方法，通常没有考虑各式各样嵌入式系统的独特要求，这些需求可以关闭，在大多数时间可处于空闲或待机等各种子状态，但必须快速且坚定地响应外部事件。

电源管理的两个主要行业标准是高级电源管理（Advanced Power Management，APM）及其继任者高级配置与电源接口（Advanced Configuration and Power Interface，ACPI）。旧的 APM 标准是面向 BIOS 的，而大多数嵌入式系统并没有 BIOS。另一方面，ACPI 虽然可以和以操作系统为中心的嵌入式系统一起使用，

但电源管理也因此变得特别复杂，尤其对于台式计算机、笔记本电脑和服务器，需要考虑当电源关闭或者电源打开及处理事件时需要做什么。

总结

- 硬件功能是电源和散热管理的支持。
- 显然，软件必须控制这些功能以匹配系统用例、行为模型和非功能需求。
- 以下部分将描述用于管理嵌入式系统热性能的软件框架。

5.1.1 高级电源管理

高级电源管理（APM）是由包含可适配不同电源水平硬件的计算机支持的多层电源管理系统的软件组成的。APM 定义了硬件特定的电源管理软件和操作系统，电源管理策略驱动程序之间独立于硬件的软件接口。它抽象了硬件的具体内容，并允许高级软件应用程序在不了解底层硬件接口细节的情况下使用 APM。

APM 的最大问题是电源管理策略是在低层级（在 OS 层之下）下实现的。电源关闭时不想暂停？操作系统没有权限，但如果幸运，那么可能还有一个 BIOS工具来控制它。如果 BIOS 在电源切换时没有弄乱视频寄存器，您会不会喜欢它？对不起，你无法控制。你是否希望休眠按钮触发了硬盘停运，而不是 RAM 停运？这也是没有可能的。

总结

- APM 是控制系统电源管理功能的标准。
- APM 已被 ACPI 取代，它并不像 ACPI 那样灵活，因为大部分电源管理逻辑合并在 BIOS 中。
- 嵌入式系统通常没有 BIOS，因此 APM 对大多数嵌入式系统没有帮助。

5.1.2 高级配置及电源管理接口

ACPI 由 Intel，Toshiba，Phoenix，Compaq 和 Microsoft 公司联合开发，用于为系统中的硬件设备建立通用接口，以允许操作系统直接控制整个系统、设备和电源管理系统。

ACPI 通过把 BIOS 中几乎所有有用的功能移到操作系统来解决 APM 的问题。这样做的缺点是需要在操作系统中重新实现这些功能，而这样做并非易事，因为 ACPI 规范既庞大又复杂，如图 5.2 所示。

ACPI 会把系统上所有硬件的详细信息以及它们的抽象接口都告诉操作系统。

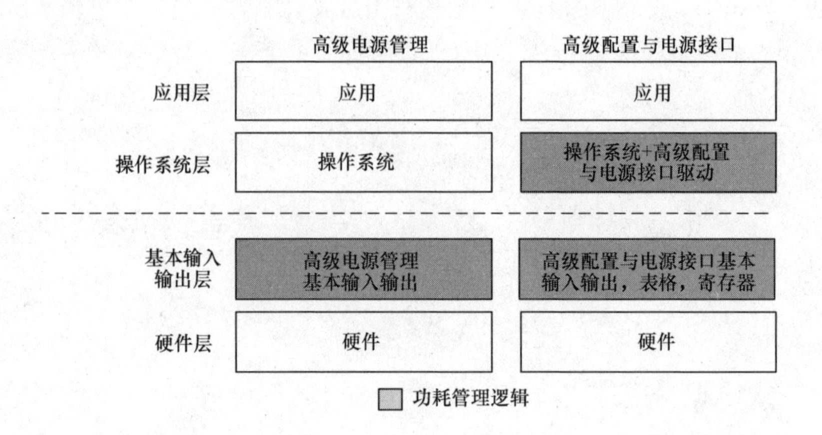

图5.2　高级电源管理（APM）及其继任者高级配置与电源接口（ACPI）旨在标准化计算机系统上的电源管理方式。APM将大部分电源管理逻辑放入BIOS，但许多嵌入式系统没有BIOS。ACPI通过将更多电源管理逻辑移入操作系统层来解决此问题，ACPI给予了操作系统更多控制电源管理操作和通知处理的功能。然而，ACPI标准庞大且复杂，而嵌入式系统的设计通常需要颗粒度较细的控制方法

ACPI还会告诉系统中断和路由的信息，例如，是否有人刚刚删除了可热插拔的外设器件，并让用户决定如何处理。

APM和ACPI标准适用于台式计算机和笔记本电脑，对嵌入式系统而言，则希望从事该工作的工程师对计算机平台、微处理器、外设器件有深入的了解，并懂得如何协调系统功耗至最优及良好的散热性能。

下面部分将描述嵌入式系统热管理框架的功能，读者可在开发自己的系统或评估内置有开源或商业系统的框架方案时做参考。

5.2　热管理框架

为了给嵌入式系统提供对功率和热量的紧密控制，开发热管理框架非常重要。以下是对热管理框架工作内容的描述，以及它应该或可能包含哪些部分。操作系统厂商会提供各自的热管理框架供用户使用。关于这一主题的许多学术工作正在进行中[1]。

如果没有操作系统，并且嵌入式系统由单个主循环控制，则仍然可以实践这里介绍的理念，并且应该重点考虑将热管理框架作为主循环。

定义5.1　热管理框架的目标是根据系统的电源管理策略协调每个电源管理

对象的电源模式。

任何热管理框架都应具有以下属性：

（1）动态热管理 为确保在满足计算需求的同时最大限度地降低功耗和热量，热管理框架动态管理热性能，功耗上下调整以满足需求，且尽可能多和尽可能长时间地下调功耗非常重要。

（2）静态热管理 当系统处于空闲状态或低功耗待机模式时，热管理框架必须采用各种必要的手段来降低功耗，降低系统温度，延长电池寿命，降低电池放电速率，当系统后期有强劲的计算需求压力时，可释放更多的裕量。

（3）外设器件协调 管理处理器性能和功耗是不够的，为了管理系统的整体热性能，热管理框架对外设器件（如显示器）的协调也非常重要。

（4）快速启动优化 在嵌入式系统中减少热量的最佳方法首先是不产生热量。当涉及操作系统（如 Linux）时，嵌入式设备的启动时间可能超过 60s。某些类型的系统（在空闲或待机状态下不必实时响应唤醒事件的系统），可以从快速启动优化技术中受益。如果系统可以快速启动，则可以让系统在关闭状态下持续更长时间。好处是不会产生热量，并且可以快速进入激活状态且代价很低。

为了使热管理框架具有这些属性，其中必须包含一些架构部件。这些架构部件允许系统适配和响应计算需求，控制自己尽可能长时间地空闲、待机或进入关机模式。

以下是热管理框架应具备的主要架构部分：

（1）资源管理器 用于控制电源管理对象，如处理器电压和频率设置，处理器电源域或外设接口和设备。在简单的嵌入式系统中，资源管理器可以是库。在高级操作系统中，设备驱动程序框架也可以实现电源或热管理。更多信息包含在资源管理器部分（见 5.2.1 节）中。

（2）策略管理器 用于根据策略中定义的规则创建、执行和响应系统中的事件。有一种策略是只要未达到热限制，就尽可能最大化其性能。另一种策略是降低功耗策略，即尽可能降低产生的功耗，甚至降低处理器速率来降低功耗。有关此内容的更多信息包含在策略管理器部分（见 5.2.2 节）中。

（3）模式管理器 用于在有效电源状态（如开机、空闲、待机和关闭）之间切换。模式管理器为软件应用程序提供了一个重要的界面来控制，管理的是整个系统。有关此主题的更多信息包含在模式管理器部分（见 5.2.3 节）中。

（4）存储管理器 用于处理将系统状态或上下文保存到非易失性存储器的作业，以便安全地进入和退出待机模式。存储管理器对于超低功耗待机模式尤为重要，有关该模块的更多信息包含在存储管理器部分（见 5.2.4 节）中。

一旦实施，热管理框架就可以由设备上的主要控制软件应用程序所使用。下面部分将更详细地介绍这些热管理框架体系结构概念。

总结

- 热管理框架应当能够管理动态功耗、静态功耗、协调外设器件热模式，并针对快速启动使用场景进行优化。
- 热管理框架应包含资源管理器、策略管理器、模式管理器和存储管理器。

5.2.1 资源管理器

资源管理器可帮助创建、修改和删除影响电源管理决策和操作的资源。通常，资源就是外设器件，如以太网、闪存、USB 或 SD。然而，资源也可以代表处理器本身或处理器内的电源域。任何可以或应该改变的可用于增加或减少功耗的事物都当被视为资源。

在简单的嵌入式系统中，资源管理器的框架可能与提供管理外设器件或处理器的功耗模式的功能库一样简单。

在带操作系统的嵌入式系统中，资源管理器框架可能是整个设备驱动程序框架的一部分，该框架标准化了如何在整个操作系统上编写硬件抽象层。例如，Linux 具有复杂的设备驱动程序框架，而热管理框架可指导设备驱动程序如何发布和标注系统范围的电源管理事件。在这种情况下，设备驱动程序框架作为资源管理器框架运行，可用于实现热管理目标。

总结

- 资源管理器可帮助创建、修改、管理和抽象可响应功耗或热状态变化的资源。
- 资源可以是外设器件、电源域、电路网络或处理器操作性能点。
- 简单的嵌入式系统可以将资源管理器实现为库。
- 高级操作系统（OS）通常具有系统范围的设备驱动程序框架，可用于管理热或功耗的性能、事件和行为。

5.2.2 策略管理器

策略管理器有助于管理系统操作，提供对电源管理规则的定义和实施。某一策略会基于当前的操作功耗状态确定每个资源的许用功耗模式。例如，如果系统范围的电源状态为空闲，则策略管理器可以维持这样一个配置，处理器频率和电压按比例缩小到低电平，时钟树的某些部分禁用，显示器关闭。

上述策略用技术来实现是很困难的。定义一套功耗最优或性能最优的策略是件难事，而定义一套全系统最优的策略是件更难的事情。

某些策略（如 Linux 中的使用体验）将软件应用层完全控制。对于一些应用和用例，这就是用户想要的。对其他情况而言，更严格的功耗优化策略可能是最好的。难的是如何最好地找到一个策略（或策略的组合），以实现功率和热性能的最佳权衡。这种先进的电源管理策略的设计一直是个活跃的研究课题，且已有几套策略框架被提出[2-6]。

即使确保不会超过热限制，使用热回退策略技术本身也是次优选择。当处理器处于空闲状态，只要它处于阈值以下，就会扩展性能和功耗，同时消耗功耗产生额外的热量。

Goldratt 的学生 Syndrome 说，学生的工作是把所有可用的时间都填满。嵌入式系统也类似，性能和功率也将使可用的热容量都填满。热阈值控制是比较好的起步工作，但自适应电源管理（需求低时降低功耗，尽可能多地降低功耗）是最终目标，也会带来更好的热性能。如果正在评估热管理框架，或者自建一套热管理框架，则策略管理器框架是个有效的工具，用于封装的逻辑和配置的信息，记录每个外设器件应如何根据整个系统热模式运行。

总结

- 策略管理器根据整个系统热管理状态，为系统中的各个资源定义并执行热管理规则和行为。
- 策略方案包括功耗优化策略、性能优化策略以及结合两者优势的混合策略。
- 在简单的嵌入式系统中，策略管理器可以与模式管理器集成。在高级操作系统中，最好有一个独立的策略管理器框架。

5.2.3 模式管理器

整体热模式管理器，是任一软件热管理框架中的关键部分。模式管理器的工作是在活动、空闲、待机或关闭等模式之间切换。模式管理器与资源管理器和策略管理器一起协作，将整个系统切换至新的工作模式。

软件应用层使用 API 或调用模式管理器数据库的方式来使用模式管理器，控制系统范围的热问题，会调用任何方式的控制技术，例如有 Lu，Chung，Simunic，Benini 和 DeMicheli 所讨论的研究电源管理算法的定量比较方法[7]，也有 Binini 和 Micheli 的动态电源管理方法：设计技术和 CAD 工具[8]。

模式管理器为软件应用提供的模式，为软件应用提供了一种统一的控制系统资源的方法，而无需了解物理层硬件接口，也无需管理哪些资源放在哪些状态中的策略框架。

模式管理器中的事件驱动模式也是有的，Simunic 等人提出了一种利用不同系统功耗模式之间事件驱动转换的框架[9]。

嵌入式系统可以利用这些电源模式来完成大多数电源管理要求。由软件应用程序决定何时进入和退出这些模式。

表 5.1 列出了系统范围的功耗模式示例。

表 5.1　一组系统功耗模式的示例，包括活动、空闲、待机和关闭

模式	描述
活动	一种完全可操作的模式，硬件上电并正常执行
空闲	部分操作模式，给其中部分硬件供电以节省能耗，例如，可以降低处理器的频率和电压，并且显示器可以关闭，系统的其余部分完全运行
待机	非操作模式，其中硬件断电并且有效信息保存到非易失性存储中
关闭	非操作模式，硬件完全关闭，节省最大功耗，但需要更多时间启动并返回活动模式

在一个简单的系统中，可能只有表 5.1 中列出的四种模式。但是，在许多系统中，有可能同时存在几种不同类型的待机模式和空闲模式。

例如，可能存在 standby - 1 待机模式，简单地将系统置于低功率模式，以及 standby - 2 待机模式，保存系统状态至闪存并降至极低功耗模式，活动模式和空闲模式也是如此。

总结

- 在热管理框架中，模式管理器提供了一种集中的方式，在系统范围内来回切换模式，如活动、空闲、待机或关闭。
- 模式管理器是软件应用在系统范围内控制热模式的主要方式，而无需了解硬件的特定信息。
- 模式管理器与资源管理器和策略管理器密切协作，执行将系统状态从一种状态更改为另一种状态的任务。
- 许多系统都有多种活动、空闲或待机模式，而有限状态机是表征它们的有效模型。

5.2.3.1　活动

活动模式是指处理器正在做有效计算。这是有助于提高散热性能的技术包括 DVFS、AVS，以及适当的时钟和电源门控[⊖]。

对于许多系统，可以采用多种活动模式。在片上系统（SoC）处理器中，微

⊖ 不言而喻，如果某些时钟或电源未使用，则时钟和电源门控仅适用于活动模式的时钟和电源域。

处理内核大多数是处于活动状态的，但可以关闭芯片的其他部分，例如数字信号处理器（DSP）。如果（处理器内核）不在使用，那么即使它处于活动模式，也可以关闭这些电源。

对于外设器件也是如此，如果处于活动模式，则不需要某些外围设备，只要设计中允许这样的电源门控，就可以关闭它们。

总结

- 主动热管理模式适用于系统处于活动状态并执行重要的计算任务时。
- 使用 DVFS、AVS 以及可能的时钟和电源门控，可以在活动模式下实现热管理。
- 活动模式工作的例子，如 MP3 回放、视频编码回放，或者当用户主动使用系统时，打开显示器且用户界面有响应。

5.2.3.2　空闲

空闲模式指的是处理器正在进行有效计算，但是不需要处理最大数量的计算任务。该模式是用于进一步降低热影响的技术，包括 DVFS、AVS 以及可用的电源或时钟门控。

空闲模式是一个间断模式，因为其目的是降低功耗，通常在一段时间后会切换到待机模式。因此，如果考虑到整个系统的生命周期，则在空闲模式下的时间是非常少的。

在简单系统中，可能只有一种空闲模式，但在更复杂的系统中，根据使用情况，可能有多种空闲模式。

总结

- 空闲模式是一种临时的热管理模式，系统的性能会部分降低，但随时准备唤醒至活动状态。
- 在适当的情况下，减少空闲模式下的热影响的技术包括 DVFS、AVS 以及潜在的电源和时钟门控。
- 简单系统可能有一种空闲模式，但复杂系统可能有多种空闲模式。
- 空闲模式的内容包括关闭显示器，关闭不需要的外设，以及使用 DVFS 和 AVS 技术降低频率和电压。

5.2.3.3　待机

待机模式是指没有进行有效计算的热管理状态。进入待机状态后，模式管理器需要协调系统进入待机状态的热感知资源。关闭外设器件，并使用 DVFS 和 AVS 技术调整电压和频率设置后，系统将进入待机模式，并使用存储管理器将信息保存到非易失性存储中。

在简单系统中可能只有一个待机模式，而在复杂系统中可能存在多个待机模式。值得注意的是，一种待机模式（称为 standby - 1）将系统状态储存在 RAM 中，而另一种待机模式（称为 standby - 2）将系统状态储存到闪存中。standby - 1 的优点是从待机状态出来的时间非常短，而 standby - 2 需要更长的时间。具体时间的长短则取决于储存了多少状态，以及从待机状态恢复后需要初始化哪些外设器件。

待机模式的关键用途是尽可能地降低功耗和热输出，并且不会对唤醒时间和响应中断，以及其他唤醒事件等方面造成太大损失。使用软件热管理的目标追求是让系统在待机状态或者更好的关机状态下，尽可能停留长时间，并且尽可能不牺牲使用需求或功能丢失，以及安全或性能要求。

总结

- 待机是一种热状态，在无需有效计算时使用。
- 待机是一种低功耗模式，通常具有较短的唤醒时间（10 ~ 100ms）。
- 软件热管理框架的目标是系统尽可能长时间地处于待机状态。
- 简单的嵌入式系统可能具有一种待机模式。复杂的嵌入式系统可能有多种待机模式，即将状态信息保存到 RAM 或将状态信息保存到闪存。

5.2.3.4 关机

关机模式不言自明。在关机模式下不进行任何计算，并且无法唤醒事件。在关机模式下，快速启动技术有利于减少系统从关闭状态进入活动状态的时间。

从长时间处于关机状态获得好处的实际案例有军用侦察机器人或便携式消除器，两者都必须长时间关闭，但必须在几秒钟内马上可用。

总结

- 关机模式是不执行任何计算的，不消耗功耗（除了来自电池的漏电流），并且不产生热量。
- 快速启动优化功能使系统更有可能在较长时间内处于关机模式，而不牺牲宝贵的电池电量。

5.2.4 存储管理器

大多数处理器支持低功耗模式，例如在待机模式下，处理器和外设器件都断电，系统信息保留在 RAM 中，RAM 处于自刷新模式。但是，对于大部分时间都处于待机状态的嵌入式系统，此方案是不可行的，因为自刷新消耗的功耗有可能会超过小容量电池所能提供的全部电量。

为了解决这个问题，还有另一种类型的待机模式，即将系统状态存储在闪存中，关闭 RAM，并且仅保留唤醒系统备份所需的部分硬件。当系统恢复时，热管理框架需要根据新的热状态初始化系统。

为了管理这一流程和控制 RAM、闪存以及系统状态的传输和恢复接口，这类问题可以交给存储管理器的子系统来处理。

总结

- 存储管理器抽象出要保存和恢复系统状态的功能，或将 RAM 置于自刷新模式。
- 存储管理器最常用于实现系统范围的待机模式，其中系统状态位于非易失性存储器中。

5.3 案例研究：Linux

Linux 中的电源管理正在发展，Linux 中几乎没有热特性管理。由于嵌入式系统的多样性和独特性，每一个都有其自身的一系列挑战和优化问题，因此 Linux 社区难以就深远的标准达成一致。

幸运的是，最近 Linux 在组织和分类设备驱动的方式上有了一些改进，这使得电源管理的协调比过去容易了，并且它使热管理成为可能。

Linux 有以下两种方式处理电源管理：

1）系统电源管理控制系统范围内的电源状态和转换。用于实现此目的的两个主要实用程序是 CPUfreq 和 CPUidle。

2）设备电源管理由设备驱动提供，响应系统范围内电源状态和转换的框架。

总结

- Linux 是一个成熟的操作系统，而电源管理子系统正在发展，并且开始使用电源管理框架来管理热性能。
- Linux 以两种方式处理电源管理，即系统电源管理和设备电源管理。

5.3.1 系统电源管理

系统电源管理为其运行的整个 Linux 内核和硬件系统提供功能，使其可进入低功耗状态并从中恢复。有几种不同类型的系统范围的功耗状态，其中一些是特定架构所特有的，而另一些大多数是常见的。

当系统进入低功耗模式时，Linux 的系统电源管理功能可确保将正在运行的系统状态保存到易失性或非易失性存储器中，然后进行恢复。

进入系统范围的低功耗模式，有很多原因，如发生超时，设备下达指令，或软件应用因电池电量不足而挂起。

Linux 内核系统范围的电源状态因架构而异。但是，待机、挂起和休眠三种状态通常可用。这些状态类似于在 5.2 节中作为热管理框架的一部分讨论的状态，见表 5.2。

表 5.2　Linux 功耗模式和 5.2 节中讨论的热管理框架（Thermal Management Framwork，TMF）模式对比

TMF 模式	Linux 模式	描述
活动	非空闲	一种完全可操作的模式，硬件上电并正常执行
空闲	待机	部分可操作模式，其中硬件部分供电以节省能耗，例如，可以降低处理器的频率和电压，并且显示器可以关闭，系统的其余部分完全运行
待机	挂起，休眠	非操作模式，其中硬件断电并且有效信息保存到非易失性存储器中
关机	关机	非操作模式，硬件完全关闭，节省最大功耗，但需要更多时间启动并返回活动模式

CPU freq 和 CPU idle 是用于控制和操作 Linux 中系统级电源管理模式的，将在以下各节中介绍。

总结

- Linux 系统电源管理是一组功能和基础架构，用于管理系统范围的电源状态和它们之间的转换。
- Linux 内核中的每个体系结构都是独一无二的，可以支持各种系统范围内不同的电源状态。但常见的只是待机（空闲）、挂起（低功耗）和休眠（功耗非常低）。

5.3.1.1　CPU freq

CPU freq 是内核提供的基础架构和接口，允许上下调整处理器的频率和电压以节省功耗。

高级配置与电源接口（ACPI）的规范定义了运行时电源管理期间处理器的 P 状态框架和空闲级别的 C 状态。处理器性能状态（P 状态）和处理器操作状态（C 状态）允许处理器在不同的工作频率和电压之间切换以调整功耗。

P 状态的数量是处理器决定的，较高的 P 状态数字表示较慢的处理器速度，较高 P 状态下的处理器的功耗也较低。

例如，P3 状态比 P1 状态消耗的功率更少并且运行得更慢（更低的频率）。要运行任意的 P 状态，处理器必须处于工作状态 C0，而不能处于非工作的空闲状态。

ACPI 规范还定义了空闲时处理器电源管理的 C 状态。处理器运行状态（C 状态）是空闲处理器关断未使用部件以节省功耗的能力。当处理器在 C0 状态下运行时，它正常工作（不是空闲），而在任何其他 C 状态下运行的处理器都是空闲状态。C 状态数字越大，表示 CPU 的睡眠状态越深。在较高的 C 状态下，更多部件将关断以节省功耗，关断的某些部件包括停止处理器时钟和关闭中断。低功率睡眠状态的缺点是唤醒并且再次进入完全激活状态需要更长的时间。当然，优点是消耗的功耗更少，产生的热量也更少。

CPUfreq 系统利用一组定义的控制器来控制处理器频率和电压电平的缩放方式，以及如何优化系统，无论是性能、功耗还是其他类型的混合或预判方法。

预定义的控制器因性能管理、功耗管理、用户空间管理和用户需求管理而存在。用户空间管理器允许应用程序在具体改变处理器频率时进行控制。当 CPU 利用率较高时，用户需求管理器会扩展，而当 CPU 利用率较低时它会关闭。CPUfreq 框架允许应用程序调用 DVFS 更改设置，如果用户有需求，则还可以编写自己的控制器。

有关更多信息请参阅 Linux 内核文档的 CPUfreq 部分。可以执行查询和更改控制器的命令示例列表见代码列表 5.1。请注意，必须先在基本内核配置中启用 CPU 频率调整和特定管理器，然后才能使用 CPUfreq 进行设置。

代码列表 5.1　查看可用调控器的一组示例命令，可显示可用的管理器，此处显示切换到特定的调控器

```
1  # List available governors
2  $ cat /sys/devices/system/cpu/cpu0/cpufreq/
3  scaling_available_governors
4  # List current active governor
5  $ cat /sys/devices/system/cpu/cpu0/cpufreq/
6  scaling_governor
7  # Switch to a different governor
8  $ echo -n "<name>" > /sys/devices/system/cpu/cpu0/
9  cpufreq/scaling_governor
```

以下列出并描述每个预定义的 CPUfreq 控制器的功能：

1）CPUfreq 管理器的性能设置，是将 CPU 静态设置为 scaling_min_freq 和 scaling_max_freq 边界内的最高频率。

2）CPUfreq 管理器的低功耗设置，是将 CPU 静态设置为 scaling_min_freq 和 scaling_max_freq 边界内的最低频率。

3）CPUfreq 管理器的用户空间设置，是允许用户或任何使用身份为“root”

的用户，运行空间程序通过在 CPU 设备目录中提供 sysfs 文件“scaling_setspeed”将 CPU 设置为特定频率。

4）CPUfreq 管理器的需求管理，是跟进当前使用情况设置 CPU。如果 CPU 利用率需求高，则频率将按比例放大；如果 CPU 利用率需求低，则频率将按比例缩小。

5）CPUfreq 管理器相对保守，与用户需求管理器非常相似，根据当前使用情况设置 CPU。它的不同之处在于可以柔和地增加或降低 CPU 速度，而不是在 CPU 上有任何负载时跳到最大速度。这种行为更适合电池供电的环境。

有关 CPUfreq 的更多信息请参阅 Documentation/cpu - freq 上的相关 Linux 内核文档。另请参阅标题为 Using the Linux CPUfreq Subsystem for Energy Management 的 IBM 蓝图文档。

总结

- CPU freq，为处理器提供基础框架和接口来控制频率和电压。
- CPU freq，为驱动提供了一个框架，用于统领事件和发布回调，以便驱动程序在系统范围内做功耗调节。
- CPU freq，包含可插拔管理器的框架，用于控制处理器频率调整的方式和时间。

5.3.1.2 CPU idle

CPU idle 模式支持处理器处于非运算状态下，每颗处理器都支持各自定制化的空闲模式。CPU idle 是内核中的通用基础架构，提供对系统范围内空闲模式的标准化访问，以及驱动程序间在每个模式之间进行转换的协调。驱动程序可以向 CPU idle 框架注册以接收事件通知，并为进出 CPU idle 状态提供回调。

有关 CPU idle 模式的更多信息可以在如下位置的 Linux 内核源代码树中找到：Documentation/cpu idle。

总结

- CPU idle 模式提供用于控制整个处理器的空闲状态的各种模式的框架和基础结构（如进行无效处理时）。
- CPU idle 模式允许设备驱动统领事件，并响应从一个空闲状态调整到另一个空闲状态的请求。

5.3.2 设备电源管理

Linux 的设备电源管理提供了一个框架，用于在系统运行时或系统处于低功耗状态时，将外设器件置于低功耗状态。该框架规定了各个设备驱动如何注册接收事件，以及如何统领系统范围内的进入或退出低功耗操作的回调功能。

从2.5内核开始，引入了一种新的驱动模型，特别有助于协调和系统化内核生态系统中的电源管理行为。这种新的驱动模型允许内核的系统电源管理具备与所有可用的驱动程序通信的功能，无论驱动程序控制了哪个总线或实体设备。

驱动模型按层次结构形成结构树，以帮助理清电源转换的排序问题，比如当驱动程序依赖于另一个驱动程序获取电源时。例如，系统不能在没有关闭其他设备电源的情况下关闭总线设备，且其他设备是基于总线供电的。分层驱动树很好地模拟了这些关系，当（电源）处于主从关系时，必须在主电源之前关闭子电源，相反，在接通子电源之前，必须先给主电源上电。

设备驱动电源管理操作是通过实现 dev_pm_ops 结构实现的，该结构在 include/linux/pm. h 中可用，见代码列表 5. 2。

代码列表 5. 2　Linux 设备驱动程序可以通过注册 include / linux / pm. h 中以下 dev_pm_ops 结构中定义的回调来参与系统范围的电源管理事件

```
1  struct dev_pm_ops {
2       int (*prepare)(struct device *dev);
3       void (*complete)(struct device *dev);
4       int (*suspend)(struct device *dev);
5       int (*resume)(struct device *dev);
6       int (*freeze)(struct device *dev);
7       int (*thaw)(struct device *dev);
8       int (*poweroff)(struct device *dev);
9       int (*restore)(struct device *dev);
10      int (*suspend_late)(struct device *dev);
11      int (*resume_early)(struct device *dev);
12      int (*freeze_late)(struct device *dev);
13      int (*thaw_early)(struct device *dev);
14      int (*poweroff_late)(struct device *dev);
15      int (*restore_early)(struct device *dev);
16      int (*suspend_noirq)(struct device *dev);
17      int (*resume_noirq)(struct device *dev);
18      int (*freeze_noirq)(struct device *dev);
19      int (*thaw_noirq)(struct device *dev);
20      int (*poweroff_noirq)(struct device *dev);
21      int (*restore_noirq)(struct device *dev);
22      int (*runtime_suspend)(struct device *dev);
23      int (*runtime_resume)(struct device *dev);
24      int (*runtime_idle)(struct device *dev);
25 };
```

作为总线驱动的设备驱动（如 USB），为它控制的整个总线实现这些方法。由于总线数量少于设备数，因此大多数情况下，Linux 内核的贡献者，将基于总线特定框架代码或依赖于总线特定框架代码，编写设备驱动程序。

当系统进入睡眠模式时，要求每个设备驱动程序也进入暂停状态。相反，当发生唤醒事件时，每个驱动都要负责初始化设备并进入和系统工作模式兼容的工况。

将设备驱动切换至挂起状态需要两个步骤：

1）暂停。保存设备信息以准备关闭电源。

2）下电。关闭设备电源并进入停运状态。

在软件方面，当设备恢复正常运行时，也需要两个步骤：

1）上电。打开设备电源，使其脱离挂起状态。

2）恢复。恢复设备状态，必要时进行初始化。

过渡到低功耗状态的过程并非无足轻重。drivers / power /suspend. c 中提供了整个步骤流程，可以对其进行修改以满足项目的个性化需求。在较高级别时，进入低功率状态的步骤如下：

1）通过查询设备驱动，验证系统是否可以进入低功耗模式，以确保一切正常。

2）禁用优先权并冻结所有进程。

3）保存系统状态并要求所有设备驱动执行相同操作。

4）禁用中断。

5）关闭驱动程序。

6）将全系统状态转换到新状态。

若要从系统范围的低功耗状态恢复，则步骤相反。设备驱动框架和设备驱动程序之间存在许多其他交互，以确保系统范围的功耗转换是连贯一致的。

可以在以下位置的 Linux 内核文件夹中找到更多详细信息：Documentation/power/devices. txt，或者参见 Patrick Mochel 名为《Linux Kernel Power Management》的论文[11]。

总结

- Linux 提供了一个设备驱动框架，可以协调系统范围的电源模式和设备驱动的转换事件，并确保整个系统可以一致地进出切换电源状态。
- 为参与系统范围内的电源事件，设备驱动可以统领回调功能，以进出低功耗状态，并实现控制特定外设所需细节实现。
- Linux 中的设备模型是分层的，以便允许强制执行，例如某些设备驱动程序依附于其他设备驱动程序（例如提供电源的总线）。该分层结构有助于 Linux 了解如何对设备驱动的上电和关闭进行排序，以便不违反层次关系和依赖关系。

参考文献

1. Yardi, S., Channakeshava, K., Hsiao, M.S., Martin, T.L., Ha, D.S.: A formal framework for modeling and analysis of system-level dynamic power management. 2005 IEEE International Conference on Computer Design: VLSI in Computers and Processors, 2005. ICCD 2005. Proceedings, pp. 119–126 (2005)
2. Brock, B., Rajamani, K.: Dynamic power management for embedded systems. In: SOC Conference, 2003. Proceedings. IEEE, International, pp. 416–419 (2003)
3. Benini, L., Bogliolo, A., Paleologo, A., De Micheli, G.: Policy optimization for dynamic power management. IEEE Trans. Comput. Aided Des. Integr. Circuits Syst. **18**, 813–833 (1999)
4. Chung, E.-Y., Benini, L., De Micheli, G.: Dynamic power management using adaptive learning tree. In: Proceedings of the 1999 IEEE/ACM international conference on Computer-aided design. pp. 274–279. IEEE Press, Piscataway (1999)
5. Qiu, Q., Pedram, M.: Dynamic power management based on continuous-time Markov decision processes. In: Proceedings of the 36th annual ACM/IEEE Design Automation Conference. pp. 555–561. ACM, New York (1999)
6. Lu, Y.-H., De Micheli, G.: Comparing system level power management policies. IEEE Des. Test Comput. **18**, 10–19 (2001)
7. Lu, Y.-H., Chung, E.-Y., Simunic, T., Benini, L., De Micheli, G.: Quantitative comparison of power management algorithms. In: Proceedings of Design, Automation and Test in Europe Conference and Exhibition 2000, pp. 20–26 (2000)
8. Benini, L., Micheli, G.D.: Dynamic Power Management: Design Techniques and Cad Tools. Springer, Berlin (1998)
9. Simunic, T., de Micheli, G., Benini, L.: Event-driven power management of portable systems. In: Proceedings of the 12th international symposium on System synthesis. p. 18. IEEE Computer Society, Washington, DC (1999)
10. IBM: Using the Linux CPUFreq Subsystem for Energy Management. In: IBM Blueprints http://pic.dhe.ibm.com/infocenter/lnxinfo/v3r0m0/topic/liaai.cpufreq/liaai-cpufreq_pdf.pdf (2009)
11. Mochel, P.: Linux kernel power management. In: Proceedings of the Linux Symposium, Ontario (2003)

第 6 章
前沿：软件热管理的未来

衡量成功的标准不是你是否有一个棘手的问题要处理，
而是你去年是否也遇到了同样的问题。
——约翰·福斯特·杜勒斯

软件热管理是一个年轻的领域。虽然源自热力学、电子元器件设计、电气工程和软件工程的研究根深蒂固，但仍有许多未解的问题和求解方法的分化机会。本章包含一系列建议的领域，供未来的研究用于推进软件热管理领域。本章将列出未来研究推进软件热管理领域的一系列建议。

6.1 可预测的随机过程

在5.2节中给出了一个包括策略管理器的框架，用于管理外设器件的协调、限制和优化方式。

制定嵌入式系统中热和功耗问题管理的政策是一个内容很丰富的领域。根据系统当前和预测的工作负载，决定是否以及何时将外设器件从一种电源状态转换到另一种电源状态是一个非常棘手的问题。幸运的是，目前在这一主题上有很多积极的研究[1-12]。

特别值得注意的是一项基于热感知的DVFS策略，该策略结合了能耗策略和热管理策略的理念，尽可能节省功耗并管控峰值热事件。这个领域的工作是全新的，且只是在过去几年才开始出现[13-23]。

多核系统的功耗和热性能也是一个新兴领域，Bergamaschi等人在2008年的论文《多核心系统中电源管理的探索》[24]对该主题进行了深入的介绍。

系统行为和相应策略模型的随机建模不仅可以响应，还可以预测系统行为，这将定义软件热管理领域的策略管理器的未来。

6.2 软件工程师的热管理工具

商业上有许多可用的热建模软件工具，它们的一些略微的差异如下：

1）成本，包括硬件和维护费用；

2）模拟速度；

3）能力所需的培训；

4）能够模拟所有三种传热模式，需要有模拟流体流动的能力模拟对流；

5）能够模拟对时变功耗波形的响应；

6）能够从其他CAD软件包导入文件；

7）管理边界条件的方法；

8）能够将热模型链接到其他领域的模型（如电气模型）；

9）含有包含常见散热数据的软件库，例如散热片、外壳、PCB等；

10）能够查看和导出模拟结果；

11）客户支持，包括技术文献；

12）用于求解数学方程的数值方法。

机械工程师和电气工程师通过使用这些工具，了解系统产生多少热量以及机械外壳如何传递这些热量。但是，并没有多少软件可以实时告诉软件工程师哪些软件进程贡献了最主要的热功耗。

Unix 程序可以给出有关在系统上运行进程的信息，以及该进程正在使用的 CPU 百分比。2007 年，英特尔在 GPLv2 许可下发布了一个名为 PowerTop 的类似工具。PowerTop 是一个可显示给定进程消耗的估算功耗的工具。此外，PowerTop 还可以在给定时间点，在系统中显示 C 状态和 P 状态（见 5.3.1 节中的描述）。

后续项目将引导散热优先的思想转变，从而大大帮助软件工程师了解其决策对热的影响，并将直接帮助并进一步推动软件热管理领域的发展。

总结

• 热建模的软件是有的，但并不适合软件工程师。

• 软件工程师可以使用其他软件工具来深入了解系统的热性能，这对于进一步推动该领域的研究和发展至关重要。

6.3 基准

用于评估处理器性能的基准测试已有一段时间了。热设计功率（Thermal Design Power，TDP）是以瓦特表示，其介绍的是为防止过热必须散发出去的能量（即热量）。对于 TDP 而言，数字越小，功耗越低。

还有其他的一些性能基准（CoreMark，Dhrystone 或性能功率测量）。有一个非营利组织叫作嵌入式微处理器基准联盟（Embeded Microprocessor Benchmark Consortium，EEMBC），其目标是为嵌入式系统开发有意义的性能基准。

特别值得注意的是正在开发的 ULPBench，但它打算通过测量 CPU 性能、实时时钟功能、功耗模式、外设使用，模拟实现和晶振工作，来提供评估微处理器功效的基准。

嵌入式微处理器的热基准测试尚不完备，但是，这方面已经有了一些学术工作，例如 Marcu 等人在 2006 年发表的题目为《Microprocessor thermal benchmark》的论文[25]。

总结

• 热设计功耗（TDP）和处理器性能（CoreMark，Dhrystone）的测试标准是存在的。

• 详细和具体的评估处理器热性能的基准将非常有帮助，目前正在开发的来自 EEMBC 的 ULPBench 是一个很有前景的新基准测试套件。

6.4 热管理框架

操作系统（OS）是实现软件热管理最佳实践的架构中心，许多操作系统都有电源管理框架，但是具有用于管理热性能的特定框架却不多。相反，可以通过工具来动态地调整处理器的电压和频率（下调时钟），从而降低功耗。

随着热管理框架变得越来越成熟和普及，操作系统将有机会提供协调外设器件、电源域、热控策略、时间联用和功耗细分优化，以及所需要的框架和结构，以实现软件热管理的目标。

总结

- 电源管理框架在操作系统（OS）中日益普及。
- 热管理框架以及外设器件管理、电源域转换、热控制管理和时间联用的集成是未来研究和发展的一个有前景的新领域。

参考文献

1. Lu, Y.-H., Benini, L., De Micheli, G.: Operating-system directed power reduction. In: Proceedings of the 2000 International Symposium on Low Power Electronics and Design, 2000. ISLPED 00. pp. 3742 (2000)
2. Ren, Z., Krogh, B.H., Marculescu, R.: Hierarchical adaptive dynamic power management. In: Proceedings Design, Automation and Test in Europe Conference and Exhibition, 2004. vol. 1 pp. 136141 (2004)
3. Erbes, T., Shukla, S.K., Kachroo, P.: Stochastic learning feedback hybrid automata for dynamic power management in embedded systems. In: Proceedings of the 2005 IEEE Mid-Summer Workshop on Soft Computing in Industrial Applications, 2005. SMCia/05. pp. 208213 (2005)
4. Zanini, F., Sabry, M.M., Atienza, D., De Micheli, G.: Hierarchical thermal management policy for high-Performance 3D systems with liquid cooling. IEEE. J. Emerg. Sel. Top. Circ. Syst. **1**, 88101 (2011)
5. Paul, A., Chen, B.-W., Jeong, J., Wang, J.-F.: Dynamic power management for embedded ubiquitous systems. In: 2013 International Conference on Orange Technologies (ICOT). pp. 6771 (2013)
6. Irani, S., Shukla, S., Gupta, R.: Competitive analysis of dynamic power management strategies for systems with multiple power saving states. In: Proceedings Design, Automation and Test in Europe Conference and Exhibition, 2002. pp. 117123 (2002)
7. Sesic, A., Dautovic, S., Malbasa, V.: Dynamic Power Management of a system with a two-Priority request queue using probabilistic-model checking. IEEE Trans. Comput. Aided Des. Integr. Circuits Syst. **27**, 403407 (2008)
8. Qiu, Q., Qu, Q., Pedram, M.: Stochastic modeling of a power-managed system-construction and optimization. IEEE Trans. Comput. Aided Des. Integr. Circuits Syst. **20**, 12001217 (2001)
9. Shih, H.C., Wang, K.: An adaptive hybrid dynamic power management method for handheld devices. In: IEEE International Conference on Sensor Networks, Ubiquitous, and Trustworthy,

Computing, 2006. p. 6 (2006)
10. Yue, W., Xia, Z., Xiangqun, C.: A task-specific approach to dynamic device power management for embedded system. In: Second International Conference on Embedded Software and Systems, 2005. p. 7 (2005)
11. Wang, Y., Triki, M., Lin, X., Ammari, A.C., Pedram, M.: Hierarchical dynamic power management using model-free reinforcement learning. In: 2013 14th International Symposium on Quality, Electronic Design (ISQED). pp. 170177 (2013)
12. Hwang, Y.-S., Chung, K.-S.: Dynamic power management technique for multicore based embedded mobile devices. IEEE Trans. Industr. Inf. **9**, 16011612 (2013)
13. Liu, Y., Yang, H., Dick, R.P., Wang, H., Shang, L.: Thermal vs Energy optimization for DVFS-Enabled processors in embedded systems. In: 8th International Symposium on Quality Electronic Design, 2007. ISQED 07. pp. 204209 (2007)
14. Bao, M., Andrei, A., Eles, P., Peng, Z.: Temperature-Aware idle time distribution for leakage energy optimization. IEEE Trans. Very Large Scale Integr. VLSI Syst. **20**, 11871200 (2012)
15. Kang, K., Kim, J., Yoo, S., Kyung, C.-M.: Temperature-aware integrated DVFS and power gating for executing tasks with runtime distribution. IEEE Trans. Comput. Aided Des. Integr. Circuits Syst. **29**, 13811394 (2010)
16. Quan, G., Chaturvedi, V.: Feasibility analysis for temperature-constraint hard real-time periodic tasks. IEEE Trans. Industr. Inf. **6**, 329339 (2010)
17. Diamantopoulos, D., Siozios, K., Xydis, S., Soudris, D.: Thermal optimization for microarchitectures through selective block replication. In: 2011 International Conference on Embedded Computer Systems (SAMOS). pp. 5966 (2011)
18. Bao, M., Andrei, A., Eles, P., Peng, Z.: Temperature-aware task mapping for energy optimization with dynamic voltage scaling. In: 11th IEEE Workshop on Design and Diagnostics of Electronic Circuits and Systems, 2008. DDECS 2008. pp. 16 (2008)
19. Wang, S., Chen, J.-J., Shi, Z., Thiele, L.: Energy-Efficient speed scheduling for real-time tasks under thermal constraints. In: 15th IEEE International Conference on Embedded and Real-Time Computing Systems and Applications, 2009. RTCSA 09. pp. 201209 (2009)
20. Zhang, S., Chatha, K.S.: System-level thermal aware design of applications with uncertain execution time. In: IEEE/ACM International Conference on Computer-Aided Design, 2008. ICCAD 2008. pp. 242249 (2008)
21. Qiu, M., Niu, J., Pan, F., Chen, Y., Zhu, Y.: Peak temperature minimization for embedded systems with DVS transition overhead consideration. In: 2012 IEEE 14th International Conference on High Performance Computing and Communication 2012 IEEE 9th International Conference on Embedded Software and Systems (HPCC-ICESS). pp. 477484 (2012)
22. Jayaseelan, R., Mitra, T.: Temperature aware task sequencing and voltage scaling. In: IEEE/ACM International Conference on Computer-Aided Design, 2008. ICCAD 2008. pp. 618623 (2008)
23. Bao, M., Andrei, A., Eles, P., Peng, Z.: Temperature-Aware Voltage Selection for Energy Optimization. In: Design, Automation and Test in Europe, 2008. DATE 08. pp. 10831086 (2008)
24. Bergamaschi, R., Han, G., Buyuktosunoglu, A., Patel, H., Nair, I., Dittmann, G., Janssen, G., Dhanwada, N., Hu, Z., Bose, P., Darringer, J.: Exploring power management in multi-core systems. In: Design Automation Conference, 2008. ASPDAC 2008. Asia and South Pacific. pp. 708713 (2008)
25. Marcu, M., Vladutiu, M., Moldovan, H.: Microprocessor thermal benchmark. In: Proceedings of the 10th WSEAS international conference on Computers. pp. 12731276. World Scientific and Engineering Academy and Society (WSEAS), Stevens Point, Wisconsin, USA (2006)

附录　核对清单

下列清单有助于确保整个软件生命周期中，软件热管理技术会被认真考量。

A.1 要求

☐ 定义热设计功耗，这是处理器以最大功耗和频率运行时的总发热量。

☐ 定义系统热性能要求。

☐ 如果热性能对您的设计至关重要，则应确保所选择的处理器具备有效的DVFS、AVS以及时钟和电源门控功能。

☐ 计算所选处理器的能效比，并建立一个处理器选择矩阵表，选择不仅满足项目功能和价格，同时还提供包含 DVFS、AVS 以及时钟和电源门控的热管理功能的处理器。

A.2 设计

☐ 绘制系统热性能图，并将其与项目设计的其余部分包含在一起。

☐ 重点标注系统热阻，并与电气工程师和系统工程师合作，降低散热瓶颈。

☐ 设计或选择电源管理架构，并包括静态框图和至少一个动态时序图，其表示了与其他设计部分的电源模式和转换。

☐ 进行设计审查，以确保软件热管理框架满足系统需求。

☐ 选择适合需求的散热或电源管理框架的操作系统。如有必要，可以自行构建并实施自定义的热管理框架。

A.3 执行

☐ 当处理器和外围电路的区域未使用时，对时钟和电源域进行门控。确保在静态和动态系统模式下执行此操作。

☐ 确保与工作频率匹配的正确工作电压，并且向上或向下切换至不同频率的转换，确保了足够的电压转换速率。详细信息请咨询电气工程师。

☐ 使用动态电压和频率调节（DVFS），在不会影响系统的功能或用例前提下，尽可能降低频率和电压。

☐ 如果可用，则请使用自适应电压调节（AVS）。

☐ 使用快速启动优化，特别是系统需长时间空闲或关机时，并快速启动和激活的使用场景。

A.4　设计

☐ 使用热像仪在每个操作状态下拍摄系统照片。比较和对比，并根据需要进行调整。

☐ 在设备定义的环境工作温度范围内的温箱中执行用例测试，并确保不违反处理器的推荐工作条件（ROC）和绝对最大额定值（AMR）。如果需要，则请在处理器顶部布设热电偶以获得准确的温度。

☐ 测试系统支持的所有电源模式，并确保系统中的所有驱动程序按照模式管理器，或系统范围的电源模式，准确一致地切换每个模式。

A.5　部署

☐ 监测现场的故障率，并在温度过高时检查部件是否有氧化痕迹。

☐ 与项目团队记录发现问题，并总结经验教训，以便改进未来的产品。